排污

从入门到精通

许可

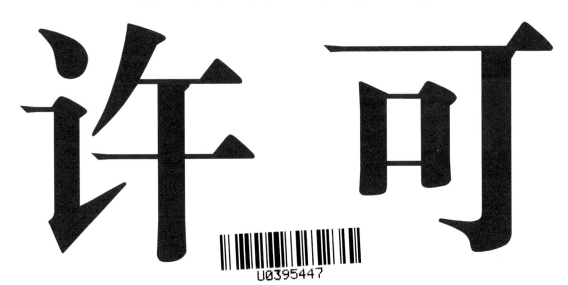

U0395447

写给环保人的专业精进指南

肖微炜　张璐璐◎编著

河海大学出版社
HOHAI UNIVERSITY PRESS
·南京·

图书在版编目(CIP)数据

排污许可：从入门到精通 / 肖微炜，张璐璐编著.
南京：河海大学出版社，2024.12. -- ISBN 978-7
-5630-9352-6

Ⅰ．X-652

中国国家版本馆 CIP 数据核字第 2024QA5252 号

书　　名	排污许可:从入门到精通
书　　号	ISBN 978-7-5630-9352-6
责任编辑	彭志诚
特约编辑	薛艳萍
特约校对	王春兰
装帧设计	槿容轩
出版发行	河海大学出版社
地　　址	南京市西康路 1 号(邮编:210098)
电　　话	(025)83737852(总编室)　(025)83722833(营销部)
	(025)83787769(编辑部)
经　　销	江苏省新华发行集团有限公司
排　　版	南京布克文化发展有限公司
印　　刷	广东虎彩云印刷有限公司
开　　本	710 毫米×1000 毫米　1/16
印　　张	15.5
字　　数	295 千字
版　　次	2024 年 12 月第 1 版
印　　次	2024 年 12 月第 1 次印刷
定　　价	68.00 元

自序

《排污许可：从入门到精通》旨在成为环保专业人士入门及精进专业技能的工具书。本书中的内容不仅覆盖了排污许可的基本原理和法规要求，还详细阐述了排污许可证申报实际操作流程、典型实践案例解读以及常见问题的解决方案。通过结合理论与实践，本书旨在帮助读者深入理解排污许可的核心概念，掌握关键的申报技巧，以及提升在复杂环境中进行有效技术沟通的能力。无论是初入环保领域的新手，还是希望进一步提升专业技能的资深人士，本书都将成为他们在排污许可管理工作中的得力助手。

排污许可不仅是一项法律规定的程序，更是一项对环境保护至关重要的工作。它确保了企业在守法按证排放污染物的同时，也为环境监管部门提供了有效的管理工具，从而保护和改善了环境质量，促进可持续发展。

第1章将详细解读排污许可证制度的相关文件，为读者揭示排污许可证制度的法律框架和政策背景。这一章节将帮助读者建立起对排污许可重要性的基础认识，理解其在环境保护中的核心地位。

第2章将对排污许可的相关标准进行梳理，包括排放限值、监测方法和环境质量标准。这些标准是评估企业排污行为是否合规的关键，对于维护公共环境安全和推动环境质量改善具有重要意义。

第3章将进入排污许可证申报的实战操作，详细介绍如何准备申报材料、填写申请表格、使用在线系统进行申报。通过具体的操作指导和案例分析，本章将使读者能够熟练地完成排污许可申报工作，确保企业的排污活动得到合法、有效的监管。

第4章将针对排污许可制度的一些常见问题进行答疑。本章的目的是帮助读者解决在实际操作中可能遇到的问题，提高排污许可管理的效率和效果。

第5章将深入探讨排污许可的审核和检查实务，包括监管机构的检查流程、企业的自我监测和台账记录要求。本章将指导读者如何准备和应对监管部门的检查，确保企业在排污许可管理中达到合规要求。

排污许可工作的意义在于，它不仅是企业履行环境责任的体现，也是社会整体环境保护意识提升的标志。通过排污许可制度的实施，可以有效地控制和减少污染物排放，保护生态环境，促进经济社会与环境保护的协调发展。

在本书的编辑过程中，有幸得到了一些业内朋友及出版社老师的悉心指点。他们的深刻见解和丰富经验对本书的成型起到了不可或缺的作用。在此，笔者要向他们表达最诚挚的感谢。他们的支持和指导不仅丰富了本书内容，也为排污许可管理的实践提供了宝贵的案例资源。

排污许可管理在中国的发展之路并非一帆风顺，它在过去几十年内经历了从无到有的过程，有时受到重点关注，隔几年又似乎被边缘化。尽管如此，笔者始终坚信排污许可管理的重要性，并在这一领域坚持不懈，在努力克服了各种困难后完成了本书的初稿。在人生过半之际，愿将这份坚持和努力，通过本书传递给每一位致力于生态环境保护的同行朋友。

希望《排污许可：从入门到精通》成为排污许可初学者（在校学生、准备入行的新人）及各类环保工作者（生态环境管理部门工作人员、环保咨询工程师、环保领域的研究者等）的参考和指南。对于书中可能存在的不足或需要改进之处，我们期待您的宝贵意见，以共同推动排污许可管理的发展。

编者

2024 年 4 月 11 日

目 录

第1章

排污许可证制度：
法规与政策解析

1.1　基本概念

排污许可证制度是一种全球广泛认可的环境管理机制，旨在为企业和机构运营期间的污染排放设定明确规则。这些规则涵盖排放标准、总量限制、自我监测和报告义务等关键要求。该制度通过明确这些标准，旨在使排污行为更加规范，确保企业和机构遵守环境保护法律。在这一制度下，排污许可证被视为环境管理部门授予的关键法律文件，规定了企业在运营期间必须遵循的法律要求。世界各地的多个国家和地区已经采纳排污许可证管理制度，有效促进了环境保护和污染控制。

排污许可管理制度起源于瑞典，是一种经验证有效的环境保护机制。瑞典《环境保护法》首次引入了这一制度作为控制污染的核心策略，并详尽规定了许可申请流程、审核、决策制定及申诉机制。该制度的主要目标是对污染排放实施严格控制，自 20 世纪 70 年代起在实践中得到广泛应用。排污许可证制度已被美国、澳大利亚、法国、日本等多个发达国家采用，成为其环境管理体系的核心部分。

依据环境保护相关法律规定，所有企业、组织及经营个体（以下统称为排放单位）均须合法申领并持有排污许可证，且未获许可的单位不得排放污染物。排放许可体系通过两种方式对排放单位进行有效监管：第一，对那些产生或排放大量污染物、对环境影响较重的单位施加重点管理；第二，对排放污染物较少、对环境影响较轻的单位实施简化的管理措施。排放较少、对环境影响较小的企业与机构，只需递交排放登记表，而不必取得排污许可证。

排放许可证中须详尽记录下列信息：排放单位的名称、地址、法人代表或主要负责人、生产或经营场所的位置等信息；许可证的有效期、发证机关、发证日期、证书编号及二维码等细节；涉及产生与排放污染物的过程、污染防治措施等情况；污染物排放口的位置与数量、排放方法与去向等详情；允许排放的污染物种类、浓度和总量等；污染防治设施的操作与维护规定、排放口规范化建设要求等；特定时期内禁止或限制排放污染物的详细要求；自我监测、环境管理账目记录及提交排放许可证执行报告的要求与频次；应公开的环境信息；无组织排放大气污染物时的控制要求；法规所规定的排放单位必须遵循的其他污染物排放控制规定。

1.2 国际排污许可证制度发展

1.2.1 瑞典

瑞典的排污许可制度自 1969 年《环境保护法》颁布以来,已经发展成为一套成熟且全面的环境保护机制。这一制度的建立,旨在对企业排放的污染物进行严格控制,确保其活动对环境的影响最小化。通过设定具体的排放限值并赋予排污许可证以法律效力,对违规者施加严格的处罚,瑞典有效地规范了企业的环境行为。

《环境保护条例》的推出,进一步细化了排污许可制度,即根据活动对环境的潜在影响程度,采取不同级别的管理措施。这种分类管理策略,既提高了行政效率,又确保了环境保护的针对性和有效性。

《瑞典环境法典》的实施标志着瑞典环境保护法律体系的完善和系统化。法典对排污许可制度的规定更加全面和严格,确立了其在环境法中的核心地位,并通过建立专门的环境法庭,加大了环境法律的执行力度。环境法庭的设立,保证了环境保护案件审理的专业性和公正性,有助于及时有效地解决环境纠纷。

"环境罚金"制度的引入,为环境监管提供了一个灵活且高效的执法手段,其允许在不通过法庭程序的情况下,直接处罚环境违法行为,有效提高了环境保护法律的执行效率。

瑞典采用的环境综合排污许可管理方式,全面考虑了企业活动对大气、水和土壤的综合影响,强调了环境影响评估的重要性。企业在进行改建或扩建等活动时,必须证明其对环境无害,方能获得必要的排污许可证。此外,通过公众参与和定期的企业监督,瑞典确保了环境保护措施的透明度和公众对环境保护工作的参与度,促进了社会各界对环境保护的共同责任感。

总的来说,瑞典的排污许可制度通过法律规定的明确排放限值、专业化的法律执行机构、灵活的执法手段以及公众参与机制,形成了一套有效的环境保护和污染控制体系。这一体系不仅促进了企业的环境责任感,也为保护自然环境提供了坚实的法律保障。

1.2.2 加拿大

加拿大实行的环境管理体系由联邦、省级和市级三层架构共同构成,以综合管理的方式运作。在联邦级别,存在多个负责环境保护的专门部门,这些部门的职责包括制定全国性环境保护政策、执行环境保护法律及法规。这些政策覆盖的范围广泛,包括大气保护、自然资源维护、有害化学物质的管理以及全球和跨区域环境问题的解决。在水环境保护方面,加拿大采取的是分权管理方式,即各省依据自身的法律和规章来负责水环境的管理。通过省际合作、政策不断优化及民众的高度环保意识,加拿大在水环境保护上取得了突出成就。

长期以来,加拿大通过排污许可证制度,将环境法规和排放标准具体化,使之成为控制企业排放的有效法律工具。该制度为不同的污染种类颁发专门的许可证,例如大气、水体和固体废物许可证。以不列颠哥伦比亚省为例,排污许可证的申请须经多个政府部门和非政府组织的评审,并在汇总各方建议后做出决策。许可证明确规定了排放源的详细信息、允许的污染物排放量(含浓度和总量)、必须遵守的法规和标准、治理措施、样本采集及监测频次等要求。许可证中规定的排放限量是基于联邦环境法规、省级技术标准、行业规范以及地方政府的环保标准综合确定的。

在加拿大,排污许可证管理是水环境保护的核心部分,被国际上认为是控制污染源排放、达到水质标准的有效管理策略。

1.2.3　美国

美国的排污许可体系是基于《清洁水法》和《清洁空气法》等关键法律条文建立的,旨在控制和减少对环境的污染。这个体系通过发放不同类型的许可证来管理和限制企业与设施的污染排放,包括大气污染物和水污染物的排放。

NPDES(美国国家污染物排放削减)许可证制度:这是《清洁水法》的核心机制,旨在控制美国点源排放。NPDES 许可证分为个别许可证和普通许可证两种,前者针对特定单一设施,后者则适用于同一类别的多个设施。个别许可证的发放基于具体的申请信息,包括活动类型、排放性质、受纳水体的质量等,而普通许可证则为同类设施提供了一种更高效的管理方案。许可证的有效期限通常不超过 5 年。联邦环保署(EPA)负责 NPDES 制度的直接实施,并可以将实施权授予给各州。

大气排污许可证:1990 年修订的《清洁空气法》要求所有造成空气污染的排放源必须获取大气排污许可证,这些许可证根据排放源的特性分为新能源审查许可证和运营许可证。新源审查许可证进一步细分为针对不同区域空气质量状况的几类,而运营许可证主要适用于大型工业排放源。大气排污许可证的限值既考虑了基于环境质量的标准,也考虑了基于技术的限值,后者鼓励排污者采用最佳可行技术(BAT)来达到或符合污染控制标准。

这一体系通过明确的法律框架和具体的执行措施,确保了环境保护的目标能够通过具体、可执行的标准得到实现。通过设立排污许可制度，美国有效地控制了工业和其他污染源的排放，减少了对水体和大气的污染，保护了公共健康和环境质量。这个体系的成功在于其对污染源的具体管理、严格的许可证要求以及对技术进步的鼓励，以达到减少污染、改善环境质量的目的。

1.2.4　欧盟

欧盟的环境管理体系通过综合污染预防与控制指令（Integrated Pollution Prevention and Control，IPPC）及其后续更新版本——工业排放指令（Industrial Emissions Directive，IED），该指令展示了其对工业排放的严格控制和管理。这一法律框架标志着欧盟在环境保护方面的集体努力，旨在通过预防和减少工业活动对环境的污染来保护环境。

工业排放指令（IED）的目标：防止环境质量进一步恶化，并力求改善现有环境状况。

控制技术的应用：强调采用最佳可用技术（Best Available Techniques，BAT）来减少污染物排放。这意味着许可证的发放和许可条件的设定都将基于BAT 的考量，确保排放控制既经济又有效。

许可证制度：工业排放指令实行的许可证制度要求考虑所有环境要素，从而实现对污染物的全面预防和控制。这包括对水、空气和土壤污染的综合管理。

有毒有害物质的严格管理：对于可能排放有毒有害物质的企业，欧盟要求在申请许可证时提交详细的环境本底报告，以便于评估和控制这些物质对环境的潜在影响。

审批流程和监督：工业排放指令明确了获取许可证的申请条件、许可限值的设定准则以及相应的管理与监督措施，确保环境管理的透明度和效率。

欧盟的环境政策体现了其对构成国家多样性的考虑，既有统一的欧盟层面政策，也赋予成员国一定的灵活性，以根据本国情况实施相关法律。成员国负责将 IED 等欧盟指令转化为国内法律，并实施相应的监管和执行措施。这种分层管理体系既保证了欧盟整体环境政策的一致性，又考虑到了成员国的特定需求和条件。

通过实施工业排放指令，欧盟展示了其在环境保护方面的坚定立场，特别是在工业排放管理上的先进做法。通过要求使用最佳可行技术和严格的许可证制度，欧盟努力确保其成员国在环境保护方面的活动既高效又有成效，以实现可持续发展的长远目标。

1.2.5　澳大利亚

澳大利亚的环境管理体系展现了联邦和州两级政府间的合作与协调,通过澳大利亚《政府间环境协定》(IGAE)和排污许可证制度,共同推动了国家环境质量的提升。以下是澳大利亚环境管理体系的一些核心特点。

1.2.5.1　双层环境法规体系

联邦与州层面的合作:澳大利亚的环境管理体系结合了联邦政府和州政府的法规,旨在统一全国的环境标准,同时允许各州根据本地条件采取更严格的环保措施。

澳大利亚《政府间环境协定》(IGAE):这一协定促成了全国范围内环境标准的统一,并为各州提供了实施更严格的环保措施的框架。

1.2.5.2　排污许可证制度

各州制度的实施与特色:排污许可证制度由各州基于联邦标准实施,各州各自制定了包含特色条款的环境法规,以控制环境影响。

新南威尔士州的实践:在新南威尔士州,排污许可证制度基于《环境保护操作法》(POEO),采用综合许可证管理模式,涵盖所有环境要素,以最小化污染物排放。

1.2.5.3　环保部门的执行力

直接调查和处罚:环保部门拥有强大的执行力,能直接对违法企业进行调查和处罚,确保环境法规的效力。

监督机制:州环保署和地方环保部门负责许可证的审核、发放和监管,通过排污费用与排放量挂钩的方式,对超标排放进行经济惩罚,增强环保法规的执行力度。

1.2.5.4　环境影响评价

环境影响评价与排污许可证制度的关联:在新南威尔士州,排污许可证的申请与环境影响评价(EIA)紧密关联,要求申请单位在申请许可证前进行环评,以确保项目的环境合规性和数据一致性。

澳大利亚的环境管理体系通过综合的许可证管理方式、严格的监督机制以及环保部门的实际执法权,确保了环境法规的有效执行。这种管理体系不仅保护了澳大利亚的自然环境,也为可持续发展和公民健康提供了保障。

1.3 中国排污许可证制度发展

1.3.1 探索及逐步发展

中国排污许可证制度的发展历程体现了从初步探索到全面实施和强化监管的逐步深化。下面内容总结了这一制度发展的主要阶段和特点。

1.3.1.1 初步探索阶段(1980 年代至 2012 年)

起始:1980 年代初,中国开始实施排污许可证制度,但由于缺乏法律支持和明确的制度定位,发展缓慢。

法律化:1985 年《上海市黄浦江上游水源保护条例》的颁布以及 1988 年原国家环保局发布的《水污染物排放许可证管理暂行办法》,标志着排污许可证制度开始法律化。

地方试点:这一时期,排污许可证制度主要在地方进行试点,缺乏国家层面的具体监管规定。

1.3.1.2 加强制度管理阶段(2012 年至 2020 年)

法律与政策框架建立:2014 年,《中华人民共和国环境保护法》的修订统一规定了排污许可证制度,标志着政府对排污许可证制度的重视和加强。

"一证式"管理:2013 年以来,中国逐步进入"一证式"管理阶段,将排污许可证作为固定污染源环境管理的核心。

监管措施加强:政府出台了多项监管措施,如《排污许可管理办法(试行)》等,强化了对排污单位的监管。

1.3.1.3 排污许可证后监管时代(2020 年起)

证后监管强化:《关于加强排污许可执法监管的指导意见》的出台标志着中国正式进入排污许可证后监管时代。政府制定了《环评与排污许可监管行动计划(2021—2023 年)》和《排污许可管理条例》,强调加强证后监管,确保制度有效执行。

政策细化与执行:这一阶段的政策和法规更加细化,旨在确保排污许可制度不仅仅停留在纸面上,而是能够得到有效执行。

中国排污许可证制度的发展历程反映了环境管理观念的转变和政府管理能

力的提升。从最初的缓慢探索,到制度化和法律化,再到当前的强化监管和"一证式"管理,这一过程不仅提高了环境管理的效率和效果,也展示了中国政府对环境保护的决心和承诺。通过不断完善排污许可证制度和加强管理,中国建立起一个更加系统、科学和规范的环境管理体系,以应对环境污染和生态破坏的挑战,促进可持续发展。

1.3.2　"一证式"管理新阶段

排污许可的"一证式"管理制度是一种全面整合环境管理措施的制度,目的是通过将环境影响评价、污染物总量控制等多项环境管理制度合并,来解决数据重复提交和多重申报的问题。该制度根据污染物的产生量和对环境的潜在危害对排污单位进行分类,实现了对排污活动的有效管理,包括将排污单位分为重点管理、简化管理和登记管理三个等级。

"一证式"管理在单一许可证中明确了环境管理的各项要求,实现了对多种污染物的协同控制,并整合了对水、气和固废的管理,推动了环境管理的综合化、精细化。此外,建立的全国统一的排污许可证信息平台简化了申请和监管过程,同时加强了环境监管和执法力度。

法律体系的完善表现在《中华人民共和国水污染防治法》、《中华人民共和国大气污染防治法》和《中华人民共和国土壤污染防治法》等法律的修订,这些法律的修订加强了排污许可的法律要求。2021 年实行的《排污许可管理条例》和相关的技术规范更新,构建了一个全面的排污许可法规和技术规范体系。通过实现固定污染源的全面覆盖和推进排污许可作为核心的监管体系建设,加强了信息化管理,明确了排污许可证的法律地位、企业的责任和生态环境主管部门的监管职责,并引入了社会监督机制,建立了一个新型的环境治理体系。这些措施共同推动了污染防治和经济的高质量发展,体现了对环境保护和可持续发展的重视。

1.4　排污许可相关法规政策解读

1.4.1　国家层面政策文件解读

1.4.1.1　《中华人民共和国环境保护法》

2014 年修订的《中华人民共和国环境保护法》(以下简称为《环境保护法》)第四十五条的规定为中国实施排污许可管理制度提供了坚实的法律基础。通过要求所有实行排污许可管理的企业、事业单位及其他生产经营者必须按照排污许可证的规定进行污染物排放，并严格禁止未经许可的排污行为，显著提高了环境保护法律体系的严肃性和执行力。

该法律的这一规定通过设定一个宽泛的适用范围，确保了各类可能产生污染的活动都能被纳入排污许可制度的监管中。尽管这一规定没有详细列出所有的排污许可对象，但它为后续的具体实施规则和操作指南提供了法律框架，使得相关部门可以根据实际情况和环境保护需求，制定和调整排污许可的具体实施细节。

此外，该法律通过将排污许可作为污染物排放的法律前提，强化了环境保护部门的监管职责，同时为企业和其他排污单位明确了遵守环境保护规定的法律义务。这不仅有助于提升排污单位的环境责任感，还促进了公众对环境保护工作的理解和支持。

总体而言，2014 年修订的《环境保护法》通过明确排污许可管理制度的法律地位，为中国环境保护工作的深入开展和高效执行提供了重要的法律支持，标志着中国在环境管理和保护方面迈出了重要一步。

1.4.1.2 《中华人民共和国大气污染防治法》

2015 年 8 月对《中华人民共和国大气污染防治法》（以下简称为《大气污染防治法》）的修订，尤其是第十九条的具体规定，为大气污染物排放的管理提供了明确的法律指导和界定。通过明确指出需要持排污许可证的主体，包括排放工业废气的企业、在《大气污染防治法》第七十八条中列出的排放有害大气污染物的单位、集中供热的煤炭使用运营单位，以及其他按法律需要执行排污许可管理的组织，加强了对大气污染源的规范和控制。

此外，修订后的法律授权国务院拟定排污许可的具体方法及执行步骤的规定，为排污许可制度的具体实施提供了法律授权和操作指南，确保了排污许可制度能够根据实际情况和需要，通过国务院及其环保部门的具体规定和操作指南来具体化与细化，从而更有效地执行和管理。

依据《中华人民共和国立法法》第六十二条相关规定应在法律实施后一年内出台的要求，进一步促进了排污许可制度的具体化和标准化，确保了法律的及时实施和执行。这不仅为大气污染防治提供了法律依据，也推动了环境保护法律体系的完善和发展。

1.4.1.3　《中华人民共和国水污染防治法》

2017 年 6 月对《中华人民共和国水污染防治法》的修订,尤其是第二十一条的详细规定,显著完善了水污染防治的法律框架,确立了排污许可证制度在水污染防治中的核心地位。这一修订明确了排污许可的适用对象和要求,覆盖了直接或间接向水体排放工业废水和医疗污水的企业事业单位,以及其他需要排污许可证才能进行废水、污水排放的生产经营者。同时,对城镇污水集中处理设施的运营单位也强制要求取得排污许可证,确保了水体受到全面而有效的保护。

排污许可证中对排放水污染物的种类、浓度、总量及排放去向等信息的明确规定,增强了排污管理的透明度和可执行性,为环保部门监管提供了明确的依据。此外,国务院负责制定排污许可的具体办法,这一授权确保了排污许可制度能够根据国家的总体环保策略和实际情况进行具体化与细化,提高了制度的灵活性和有效性。

禁止无排污许可证或违反排污许可证规定的废水、污水排放这一规定,进一步加强了对违法排污行为的处罚力度,体现了法律对环境保护的严肃态度。这一规定不仅促进了水污染防治工作的法律体系化和规范化,也为保护水环境、维护生态平衡和促进可持续发展提供了坚实的法律保障。

1.4.1.4　《排污许可管理办法》(2024 年版)

于 2024 年 7 月 1 日实施的《排污许可管理办法》体现了国家对环境保护和污染治理工作的高度重视与持续推进。2024 年版相对 2008 年版有许多改进,通过这些改进,不仅能加强生态环境管理部门对排污单位的管理,还将提高排污许可证的执行力度和监督管理的效率。

和 2018 年版相比,2024 年版实现了以下改进:

(1) 将排污登记纳入排污许可管理体系,强化了对排污登记单位的管理。这要求相关单位在全国排污许可证管理信息平台上进行登记,并对其登记内容、变更、注销等进行规范,从而提高了管理的透明度和可追溯性。

(2) 完善排污许可证内容,明确了正本和副本的记载要求,特别是增加了对重点污染物排放总量控制指标、特殊时段的排放要求以及对土壤污染重点监管单位的要求等,这些都是为了更精确地控制和减少污染物排放,提升环境质量。

(3) 强化排污许可证的执行力度,要求排污单位依法开展自行监测,并对监测数据的真实性和准确性负责。同时,规定了排污单位需要在信息平台上提交排污许可证执行报告,这有助于加强排污单位的自我约束和提高监管部门的监督检查效率。

(4)加强对排污许可的监督管理,使生态环境主管部门的监督检查职责得到明确,也规定了对违反排污许可管理行为的处罚措施,这将有效遏制非法排污行为,保障环境法规的执行。

(5)2024版《排污许可管理办法》还对排污许可证的有效期限、变更、延续、注销等进行了规定,并完善了监督检查和信息公开制度,这些措施有助于提高排污许可管理的规范性和保障公众的知情权。

2024版《排污许可管理办法》的修订和完善,是对环境保护法规体系的一次重要补充和加强,有助于推动我国环境保护工作向更高标准、更严要求迈进,为建设美丽中国、实现绿色发展目标提供了有力的法制保障。

1.4.1.5 《固定污染源排污许可分类管理名录(2019年版)》介绍

生态环境部于2019年12月20日发布了更新的《固定污染源排污许可分类管理名录(2019年版)》,取代了2017年的版本。这个新版本的名录对固定污染源的排污许可进行了分类管理,明确了各行业类别及其管理类别,针对排放污染物的单位适用。此次修订旨在整合污染防治任务重点行业,实现对固定污染源的全面覆盖,更新行业管理类别的划分标准,并调整行业分类以匹配《国民经济行业分类》。

修订的主要思路包括实现固定污染源的全覆盖、进行合理分类,以及确保与统计分类的一致性。新版名录将706个固定污染源行业小类纳入管理,实现了陆域固定源的全面覆盖。与2017年版相比,2019年版在行业类别上进行了扩充和优化,引入了登记管理类别,取消了发证和登记的具体时限,以提高管理效率。

相较于2017年版,2019年版的主要更新包括调整行业类别和分类标准,新增加的行业类别和登记管理类别旨在解决先前版本中的问题。

对于名录外的行业,对排污单位的管理依据是,如果涉及通用工序或满足名录中的特定条件,应进行许可证申领或登记表填报。对于未明确规定但需要纳入排污许可管理的情况,省级生态环境主管部门将提出建议,由生态环境部审定。

1.4.1.6　《排污许可管理条例》解读

第二条　依照法律规定实行排污许可管理的企业事业单位和其他生产经营者(以下称排污单位)，应当依照本条例规定申请取得排污许可证；未取得排污许可证的，不得排放污染物。根据污染物产生量、排放量、对环境的影响程度等因素，对排污单位实行排污许可分类管理：(一)污染物产生量、排放量或者对环境的影响程度较大的排污单位，实行排污许可重点管理；(二)污染物产生量、排放量和对环境的影响程度都较小的排污单位，实行排污许可简化管理。本条以下内容省略。

解读　该规定要求所有排放污染物的企业和机构依法申请排污许可证。基于污染物的产生量、排放量和对环境的影响程度，排污单位将被分类管理，分为重点管理和简化管理两种，未获得排污许可证的单位不得排放污染物。

第三条　国务院生态环境主管部门负责全国排污许可的统一监督管理。设区的市级以上地方人民政府生态环境主管部门负责本行政区域排污许可的监督管理。

解读　该条款规定国家生态环境部门负责全国排污许可的统一监督和管理，而地方政府则负责各自行政区域内的监管。设区的地级市是中国行政区划中的一种类型，指的是下辖有行政区的地级市。

第四条　国务院生态环境主管部门应当加强全国排污许可证管理信息平台建设和管理，提高排污许可在线办理水平。排污许可证审查与决定、信息公开等应当通过全国排污许可证管理信息平台办理。

解读　之前部分省市自建了排污许可证管理平台，后续不再使用，统一使用国家平台。

第六条　排污单位应当向其生产经营场所所在地设区的市级以上地方人民政府生态环境主管部门(以下称审批部门)申请取得排污许可证。排污单位有两个以上生产经营场所排放污染物的，应当按照生产经营场所分别申请取得排污许可证。

解读　如排污单位存在一个信用代码下两个或多个厂区的，为每个厂区单独建立账号，单独管理。企业申报时使用同一个信用代码，企业名备注不同厂区。

第七条　申请取得排污许可证，可以通过全国排污许可证管理信息平台提交排污许可证申请表，也可以通过信函等方式提交。排污许可证申请表应当包括下列事项：（一）排污单位名称、住所、法定代表人或者主要负责人、生产经营场所所在地、统一社会信用代码等信息；（二）建设项目环境影响报告书（表）批准文件或者环境影响登记表备案材料；（三）按照污染物排放口、主要生产设施或者车间、厂界申请的污染物排放种类、排放浓度和排放量，执行的污染物排放标准和重点污染物排放总量控制指标；（四）污染防治设施、污染物排放口位置和数量、污染物排放方式、排放去向、自行监测方案等信息；（五）主要生产设施、主要产品及产能、主要原辅材料、产生和排放污染物环节等信息，及其是否涉及商业秘密等不宜公开情形的情况说明。

解读 根据条例要求，企业申请排污许可证必须具备环评手续，不具备环评手续的企业无法获得排污许可证。

第八条 有下列情形之一的，申请取得排污许可证还应当提交相应材料：（一）属于实行排污许可重点管理的，排污单位在提出申请前已通过全国排污许可证管理信息平台公开单位基本信息、拟申请许可事项的说明材料；本条以下内容省略。

解读 实行重点管理的排污单位须在申报基本完成后在全国排污许可证管理信息平台上进行信息公开，公示结束后，方可提交。

第九条 审批部门对收到的排污许可证申请，应当根据下列情况分别作出处理：（一）依法不需要申请取得排污许可证的，应当即时告知不需要申请取得排污许可证；本条以下内容省略。

解读 排污单位提交申请时尽量核对好，一次性提供相关材料，如果存在问题或缺失，审批人员也会提出完善意见。

第十条 审批部门应当对排污单位提交的申请材料进行审查，并可以对排污单位的生产经营场所进行现场核查。审批部门可以组织技术机构对排污许可证申请材料进行技术评估，并承担相应费用。技术机构应当对其提出的技术评估意见负责，不得向排污单位收取任何费用。

解读 常规审核审批一般是技术评估单位及审批单位线上进行，但对新审批的排污单位，建议审批部门开展现场核查。首次申请的主要问题是申报内容与现场情况不一致的情况比较多。

第十一条 对具备下列条件的排污单位，颁发排污许可证：（一）依法取得建设项目环境影响报告书（表）批准文件，或者已经办理环境影响登记表备案手续；本条以下内容省略。

解读　具备基本的环保手续、已建成符合技术规范要求的污染治理设施且申报资料符合要求的,才能够审批通过,即在条例发布后,企业只有具备环评手续才能够领取排污许可证(根据相关文件豁免环评手续的除外)。

第十二条　对实行排污许可简化管理的排污单位,审批部门应当自受理申请之日起 20 日内作出审批决定;对符合条件的颁发排污许可证,对不符合条件的不予许可并书面说明理由。对实行排污许可重点管理的排污单位,审批部门应当自受理申请之日起 30 日内作出审批决定;需要进行现场核查的,应当自受理申请之日起 45 日内作出审批决定;对符合条件的颁发排污许可证,对不符合条件的不予许可并书面说明理由。审批部门应当通过全国排污许可证管理信息平台生成统一的排污许可证编号。

解读　在受理材料符合要求的前提下,审批部门应在规定时限内完成审批。但实际操作中,存在审批滞后的情况,一方面因为申报材料质量不佳,另一方面来自核发质量考核压力。

第十三条　排污许可证应当记载下列信息:(一)排污单位名称、住所、法定代表人或者主要负责人、生产经营场所所在地等;本条以下内容省略。

解读　排污单位收到的纸质版的排污许可证正、副本包含以上信息,同时以上信息在全国排污许可证管理信息平台也可以查询到,但是网上查询到的副本是简化处理后的。

第十五条　在排污许可证有效期内,排污单位有下列情形之一的,应当重新申请取得排污许可证:(一)新建、改建、扩建排放污染物的项目;(二)生产经营场所、污染物排放口位置或者污染物排放方式、排放去向发生变化;(三)污染物排放口数量或者污染物排放种类、排放量、排放浓度增加。

解读　申报单位常见的错误是把变更申请和重新申请搞混,在启动之前需要认真判断。

第十六条　排污单位适用的污染物排放标准、重点污染物总量控制要求发生变化,需要对排污许可证进行变更的,审批部门可以依法对排污许可证相应事项进行变更。

解读　对于标准发生变化的,审批部门可以在管理端开展变更,但容易带来不一致问题,目前企业发起标准变更的情况较多。

第十八条　排污单位应当按照生态环境主管部门的规定建设规范化污染物排放口,并设置标志牌。污染物排放口位置和数量、污染物排放方式和排放去向应当与排污许可证规定相符。实施新建、改建、扩建项目和技术改造的排污单位,应当在建设污染防治设施的同时,建设规范化污染物排放口。

解读 排污口标志牌应满足《关于印发排放口标志牌技术规格的通知》(环办〔2003〕95号)及《排污单位污染物排放口二维码标识技术规范》(HJ 1297—2023)(2023-05-26实施)的要求。

第二十条 实行排污许可重点管理的排污单位,应当依法安装、使用、维护污染物排放自动监测设备,并与生态环境主管部门的监控设备联网。排污单位发现污染物排放自动监测设备传输数据异常的,应当及时报告生态环境主管部门,并进行检查、修复。

解读 当前针对重点管理的排污单位强化非现场监管,自动监控设备是否正常运行、是否真实反映排污状况是检查重点。

第二十一条 排污单位应当建立环境管理台账记录制度,按照排污许可证规定的格式、内容和频次,如实记录主要生产设施、污染防治设施运行情况以及污染物排放浓度、排放量。环境管理台账记录保存期限不得少于5年。本条以下内容省略。

解读 现场检查中,排污单位台账是薄弱项,经常被检查出相关问题。企业应安排专人负责台账记录及整理。

第二十二条 排污单位应当按照排污许可证规定的内容、频次和时间要求,向审批部门提交排污许可证执行报告,如实报告污染物排放行为、排放浓度、排放量等。排污许可证有效期内发生停产的,排污单位应当在排污许可证执行报告中如实报告污染物排放变化情况并说明原因。排污许可证执行报告中报告的污染物排放量可以作为年度生态环境统计、重点污染物排放总量考核、污染源排放清单编制的依据。

解读 根据管理类别、技术规范及副本载明的不同要求,企业应在规定日期内提交排污许可证执行报告,避免遗漏或虚假申报。

第二十三条 排污单位应当按照排污许可证规定,如实在全国排污许可证管理信息平台上公开污染物排放信息。污染物排放信息应当包括污染物排放种类、排放浓度和排放量,以及污染防治设施的建设运行情况、排污许可证执行报告、自行监测数据等;其中,水污染物排入市政排水管网的,还应当包括污水接入市政排水管网位置、排放方式等信息。

解读 企业申报的排污许可证执行报告、自行监测数据均可在网上查询到,这对企业而言是一种来自公众监督的压力。

第二十四条 污染物产生量、排放量和对环境的影响程度都很小的企业事业单位和其他生产经营者,应当填报排污登记表,不需要申请取得排污许可证。本条以下内容省略。

解读 对于排污登记类企业,相关申报要求较低,即只需申报排污登记表。申报排污登记表时应注意满足相关技术要求。排污登记类企业一样要落实污染防治主体责任要求。另外,排污登记属于登记备案,环保部门不进行审批,企业自行承担主体申报责任。

1.4.2 地方层面政策文件解读

1.4.2.1 上海

1)《上海市固定污染源排污许可试点工作实施方案》部分重要条目的概括与解读

实施内容:(1)重构审批流程,整合监管内容。一是减免申请材料。二是简化变更方式。三是优化办事流程。四是整合监管内容。(2)衔接环评名录,优化管理分类。对照本市建设项目环境影响评价分类管理名录,按照"强化衔接,突出重点"的原则,优化排污许可管理分类。(3)完善管理要求,推进监管落地。一是区分登记事项和许可事项。二是科学核定许可排放量。三是精准识别管控因子。四是规范使用排放标准。五是合理提出管理要求。

解读 上海探索"两证合一"的模式,有助于提升审批效率,但具体落实难度不低。将核发监管数据整合,有助于减轻企业负担,但也对监管人员的专业素质提出了更高的要求。上海拟将2019年版名录之外的部分污染较重的企业也纳入固定源管理,但因名录限制,需要报生态环境部同意后才能实施。相对而言,作为特区可以单独发布名录的深圳市就灵活很多。上海将核发及监管统筹考虑,并提升排放标准的适用性及规范性,有助于减少后续监管工作中的障碍。当前存在的一个现象是审批核发的只管批自己的,不考虑后续监管过程中存在的各类问题。

排污许可证的监管、监测和监督联动:(1)工作目标。通过开展监管、监测和监督"三监联动"工作试点,进一步完善覆盖所有固定污染源的联动工作机制,强化部门协同,优化监管方式,推进履职尽责;推进提升证后监管的信息化和智能化水平,实现监管、监测、执法管理闭环,过程留痕和信息共享,提升监管效能。

(2)实施范围。在全市范围内试点建立统一的固定污染源信息库、完善监管职责分工和基于信息化的"三监联动"工作机制。在上海化学工业区试点以信息化监管为核心的"三监联动"试点。(3)实施内容。①建立统一的固定污染源信息库。②推进分级监管、落实部门职责。③完善"三监联动"工作机制。④提升信息化监管水平。

解读 上海提出了"三监联动"的概念,进一步加强了证后管理核心内容的融合,实现了集成、闭环管理。在新概念的基础上,进行信息化改革试点,实现不同环境要素、不同部门的智慧化管理。当前信息化管理是大趋势,但是平台建设是一门学问,框架设计、技术先进程度及功能适用性对于平台本身作用的发挥影响很大。

2)《上海市浦东新区固定污染源排污许可分类管理名录》解读

为用好用足中央赋予浦东新区的立法权,2022 年 12 月市人大常委会审议通过《上海市浦东新区固体废物资源化再利用若干规定》(以下简称《若干规定》),《若干规定》明确"市生态环境部门可以根据国家固定污染源排污许可分类管理名录,结合区域污染物减排和固体废物资源化再利用等实际情况,制定浦东新区排污许可管理细化名录,在浦东新区先行先试"。市生态环境局坚持守正创新、坚持问题导向、坚持系统观念,结合新区产业特点和实际管理需求,组织制定了《上海市浦东新区固定污染源排污许可分类管理名录》(以下简称《浦东名录》,2023 年 9 月 1 日起正式施行)。表 1-1 为《浦东名录》与国家发布的 2019 年版名录正文内容对照表,表 1-2 则展示了《浦东名录》相对国家发布的 2019 年版名录修订情况。

表 1-1 《浦东名录》与国家发布的 2019 年版名录正文内容对照表

《固定污染源排污许可分类管理名录 (2019 年版)》	《上海市浦东新区固定污染源排污许可 分类管理名录》
第一条　为实施排污许可分类管理,根据《中华人民共和国环境保护法》等有关法律法规和《国务院办公厅关于印发控制污染物排放许可制实施方案的通知》的相关规定,制定本名录。	第一条　为进一步突出环境管理重点,科学实施排污许可、排污登记管理,根据《中华人民共和国水污染防治法》《中华人民共和国大气污染防治法》《中华人民共和国固体废物污染环境防治法》《中华人民共和国噪声污染防治法》《排污许可管理条例》《上海市浦东新区固体废物资源化再利用若干规定》等有关法律法规规定,制定本名录。

《固定污染源排污许可分类管理名录 (2019年版)》	《上海市浦东新区固定污染源排污许可 分类管理名录》
—	第二条　本名录依据《固定污染源排污许可分类管理名录(2019年版)》,结合浦东新区产业特点及污染物减排和固体废物资源化再利用等实际情况制定,共对33个行业(工序)排污许可管理类别进行补充和调整。
—	第三条　本名录在浦东新区行政区域内(包括自贸区保税区、临港新片区的浦东新区范围)实施。
第二条　国家根据排放污染物的企业事业单位和其他生产经营者(以下简称排污单位)污染物产生量、排放量、对环境的影响程度等因素,实行排污许可重点管理、简化管理和登记管理。对污染物产生量、排放量或者对环境的影响程度较大的排污单位,实行排污许可重点管理;对污染物产生量、排放量和对环境的影响程度较小的排污单位,实行排污许可简化管理。对污染物产生量、排放量和对环境的影响程度很小的排污单位,实行排污登记管理。 　　实行登记管理的排污单位,不需要申请取得排污许可证,应当在全国排污许可证管理信息平台填报排污登记表,登记基本信息、污染物排放去向、执行的污染物排放标准以及采取的污染防治措施等信息。 　　第三条　本名录依据《国民经济行业分类》(GB/T 4754—2017)划分行业类别。	第四条　本名录依据《国民经济行业分类》(GB/T 4754—2017)及其修改单划分行业类别,并根据相关行业的污染物产生量、排放量、对环境的影响程度等因素,对排放污染物的企业事业单位和其他生产经营者(以下简称排污单位)实行排污许可重点管理、简化管理和排污登记的分类管理。
第四条　现有排污单位应当在生态环境部规定的实施时限内申请取得排污许可证或者填报排污登记表。新建排污单位应当在启动生产设施或者发生实际排污之前申请取得排污许可证或者填报排污登记表。	第五条　因本名录实施导致排污许可管理类别发生调整的现有排污单位,应在本名录实施后一年内申请取得排污许可证或者填报排污登记表;其他现有排污单位,应当按照国家有关规定申请取得排污许可证或者填报排污登记表。 新建排污单位应当依据本名录在启动生产设施或者发生实际排污之前申请取得排污许可证或者填报排污登记表。
第五条　同一排污单位在同一场所从事本名录中两个以上行业生产经营的,申请一张排污许可证。	第六条　同一排污单位在同一场所从事本名录中两个及以上行业(含通用工序)生产经营的,申请一张排污许可证,管理类别按照其中单个等级最高的确定。
第六条　属于本名录第1至107类行业的排污单位,按照本名录第109至112类规定的锅炉、工业炉窑、表面处理、水处理等通用工序实施重点管理或者简化管理的,只需对其涉及的通用工序申请取得排污许可证,不需要对其他生产设施和相应的排放口等申请取得排污许可证。	—

续表

《固定污染源排污许可分类管理名录 （2019 年版）》	《上海市浦东新区固定污染源排污许可 分类管理名录》
第七条　属于本名录第 108 类行业的排污单位，涉及本名录规定的通用工序重点管理、简化管理或者登记管理的，应当对其涉及的本名录第 109 至 112 类规定的锅炉、工业炉窑、表面处理、水处理等通用工序申请领取排污许可证或者填报排污登记表；有下列情形之一的，还应当对其生产设施和相应的排放口等申请取得重点管理排污许可证： （一）被列入重点排污单位名录的； （二）二氧化硫或者氮氧化物年排放量大于 250 吨的； （三）烟粉尘排放量大于 500 吨的； （四）化学需氧量年排放量大于 30 吨，或者总氮年排放量大于 10 吨，或者总磷年排放量大于 0.5 吨的； （五）氨氮、石油类和挥发酚合计年排放量大于 30 吨的； （六）其他单项有毒有害大气、水污染物污染当量数大于 3 000。污染当量数按照《中华人民共和国环境保护税法》的规定计算。	第七条　属于本名录第 112 类行业的排污单位，涉及本名录规定的第 113 至 116 类规定的锅炉、工业炉窑、表面处理、水处理等通用工序重点管理、简化管理或者登记管理的，应当按其涉及通用工序的管理类别申请领取排污许可证或者填报排污登记表；有下列情形之一的，应当申请取得重点管理排污许可证： （一）被列入环境监管重点单位名录的； （二）二氧化硫或者氮氧化物年排放量大于 250 吨； （三）烟粉尘年排放量大于 500 吨； （四）化学需氧量年排放量大于 30 吨，或者总氮年排放量大于 10 吨，或者总磷年排放量大于 0.5 吨的； （五）氨氮、石油类和挥发酚合计年排放量大于 30 吨的； （六）其他单项有毒有害大气、水污染物污染当量数大于 3 000。污染当量数按照《中华人民共和国环境保护税法》的规定计算。
—	第八条　属于化学原料和化学制品制造业 26、医药制造业 27 行业的研发中试，按照本名录申请取得排污许可证或者填报排污登记表。
第八条　本名录未作规定的排污单位，确需纳入排污许可管理的，其排污许可管理类别由省级生态环境主管部门提出建议，报生态环境部确定。	—
—	第九条　本名录所称环境监管重点单位，是指按照《环境监管重点单位名录管理办法》依法确定的水环境重点排污单位、地下水污染防治重点排污单位、大气环境重点排污单位、噪声重点排污单位、土壤污染重点监管单位。 因纳入环境监管重点单位名录而实施排污许可重点管理的持证排污单位，其排污许可管理类别根据上海市环境监管重点单位名录做动态调整。
第九条　本名录由生态环境部负责解释，并适时修订。	第十条　本名录由上海市生态环境局负责解释，并适时修订。
第十条　本名录自发布之日起施行。《固定污染源排污许可分类管理名录（2017 年版）》同时废止。	第十一条　本名录自 2023 年 9 月 1 日起施行，有效期 5 年。

表 1-2 《浦东名录》相对国家发布的 2019 年版名录修订情况

序号	行业类别	《浦东名录》相对国家发布的 2019 年版名录修订情况
1	其他畜牧专业及辅助性活动 053	新增:将病死及病害动物无害化处理纳入简化管理
2	谷物磨制 131	收严:年加工 1 万吨及以上的由登记管理改为简化管理
3	饲料加工 132	收严:年加工 1 万吨及以上的由登记管理改为简化管理
4	植物油加工 133	有收有放:纳入重点排污单位的提级为重点管理;单纯调和的降为登记
5	制糖业 134	放宽:日加工糖料能力 1 000 吨及以上的成品糖或者精制糖生产由重点管理降为简化管理
6	其他农副食品加工 139	收严:将有发酵工艺的产能较小的淀粉、淀粉糖制造由简化或登记提为重点管理;年产 0.1 万吨及以上的淀粉糖生产由登记管理提为简化管理
7	方便食品制造 143,其他食品制造 149	收严:将重点排污单位纳入重点管理
8	棉纺织及印染精加工 171,毛纺织及染整精加工 172,麻纺织及染整精加工 173,丝绢纺织及印染精加工 174,化纤织造及印染精加工 175	放宽:有喷墨印花或数码印花工艺的由重点管理降为简化管理,不涉及有机溶剂的后整理工序由简化管理降为登记管理
9	机织服装制造 181,服饰制造 183	有收有放:将有水洗工序的由重点管理降为简化管理,将有喷墨印花、数码印花和砂洗工艺的由登记提为简化
10	羽毛(绒)加工及制品制造 194	收严:将重点排污单位纳入重点管理
11	纸制品制造 223	放宽:简化管理放宽
12	精炼石油产品制造 251	有收有放:将单纯物理分离、物理提纯、混合或者分装的由重点管理降为简化管理,将重点排污单位提为重点管理
13	基础化学原料制造 261	收严:将重点排污单位纳入重点管理
14	涂料、油墨、颜料及类似产品制造 264	收严:将重点排污单位纳入重点管理
15	合成材料制造 265	收严:将重点排污单位纳入重点管理
16	专用化学产品制造 266	收严:将重点排污单位纳入重点管理
17	日用化学产品制造 268	收严:将重点排污单位纳入重点管理
18	化学药品制剂制造 272	有收有放:将重点排污单位放入重点管理,不含单纯混合或分装的由重点管理降为简化管理

续表

序号	行业类别	《浦东名录》相对国家发布的 2019 年版名录修订情况
19	中药饮片加工 273	收严：将有提炼工艺的纳入简化管理
20	兽用药品制造 275	收严：将重点排污单位纳入重点管理
21	药用辅料及包装材料制造 278	收严：将含有机合成反应的纳入简化管理
22	塑料制品业 292	收严：将重点排污单位纳入重点管理
23	水泥、石灰和石膏制造 301，石膏、水泥制品及类似制品制造 302	收严：水泥制品制造 3021，砼结构构件制造 3022 由登记管理提为简化管理
24	玻璃制造 304	收严：将重点排污单位纳入重点管理
25	玻璃制品制造 305	收严：将重点排污单位纳入重点管理
26	玻璃纤维和玻璃纤维增强塑料制品制造 306	收严：将重点排污单位纳入重点管理
27	电池制造 384	放宽：将仅分割、焊接、组装的由简化管理调为登记管理
28	计算机制造 391，电子器件制造 397，电子元件及电子专用材料制造 398，其他电子设备制造 399	有收有放：将年使用 10 吨及以上有机溶剂的和有酸洗工序的纳入简化管理
29	金属废料和碎屑加工处理 421，非金属废料和碎屑加工处理 422	收严：将重点排污单位纳入重点管理
30	水上运输辅助活动 553	收严：将货运码头，垃圾、废弃物运输码头纳入简化管理
31	工程和技术研究和试验发展 732、医学研究和试验发展 734	新增：将研发和试验研究纳入许可管理
32	环境卫生管理 782	收严：将重点排污单位纳入重点管理
33	基层医疗卫生服务 842	新增：将基层医疗卫生服务纳入登记管理

注：本表仅针对《浦东名录》中调整的 33 类行业（工序）与国家发布的 2019 年版名录进行对照。

1.4.2.2　浙江

杭州市生态环境局 2022 年 11 月 18 日发布了《关于印发〈杭州市固定污染源主要污染物总量控制与排污许可联动管理办法（试行）〉的通知》（杭环发〔2022〕67 号），目的是强化固定污染源主要污染物总量控制与排污许可联动对《杭州市固定污染源主要污染物总量控制与排污许可联动管理办法（试行）》的重点内容解读如表 1-3 所示。

表 1-3 《杭州市固定污染源主要污染物总量控制与排污许可联动
管理办法(试行)》重点内容解读

序号	项目	内容	解读
1	数字化系统管理	(三)数字化系统建设。市生态环境主管部门应当建立数字化管理平台及联动基础数据库,按区(县、市)行政区划建立排放总量指标库、许可排放量库、区域可替代总量指标库,并实现系统互联、数据共享、多跨协同。各级生态环境主管部门根据职责分工,负责相关数据系统的日常管理,动态更新相关数据。上报生态环境部、省生态环境厅年度主要污染物减排数据,应与数字化管理平台数据一致。 (四)数字化系统应用。数字化管理平台数据可运用于工业类排污单位污染治理补助、区域横向生态补偿、梯度有序用电方案、绿色信贷、"双随机"执法抽查、行政处罚、环评质量抽查等制度联动场景。	这两条旨在推动数据统一、数据共享,确保数据一致性。数据多头管理是当前环境信息化管理的痛点之一。如果能得到解决,则是一个很大的进步。
2	排污权管理	(十二)排污权交易。工业类排污单位新、改、扩建项目需要进行排污权交易的,应当根据法律法规章等相关规定进行排污权交易。完成排污权有偿使用和交易的,予以办理排污许可证核发、换发或变更等业务。通过其他排污单位出让富余排污权,获得排污权的排污单位应当完成排污许可证变更,相应的主要污染物排放总量指标,纳入区域可替代总量指标库。 (十三)排污权多头交易。出让方排污单位可以通过市场化交易将富余排污权出让给多个受让方排污单位,但已出让的富余排污权不得重复出让。受让方排污单位可以通过市场化交易从多个出让方排污单位受让其富余排污权。 (十四)排污权回购。排污单位依法享有富余排污权回购、有偿转让的权利。 (十五)排污权与许可证联动。排污权交易及其他变动情况,可以逐一载入排污许可证备注栏内。因总量指标变动导致排污权变动的,排污单位应当根据相关规定重新申请或申请变更排污许可证。排污许可证上载明的排污权指标,应当与排污权交易系统数据联动,保持一致。排污许可证许可排放量应严于排污权指标。	排污权交易围绕排污许可证进行,并在排污许可证上载明变化情况。排污权交易通过行政许可审批及信息化平台实现。

序号	项目	内容	解读
3	许可排放量的核定及排污许可证的变更	（十六）许可排放量核定。许可排放量应当依法核定。新、改、扩建设项目在编制环评文件核定其主要污染物排放总量指标时参考相关行业排污许可申请与核发技术规范或总则中所明确的许可排放量核算方法，充分论证生产及污染防治工艺的先进性。 （十七）排污许可证依申请变更。主要污染物排放总量指标发生变化的，排污单位应当在 30 个工作日内，依法提交排污许可证变更或注销的申请，同时提交环评批复文件、减排复核材料或关停材料。	在环评阶段即考虑排污许可总量计算方法，尽量保持一致。另外，如变更总量，则需提供对应的材料。

1.4.2.3　江苏

江苏省生态环境厅 2021 年 4 月 12 日发布了《省生态环境厅关于加强涉变动项目环评与排污许可管理衔接的通知》(苏环办〔2021〕122 号)，目的是推动环评同排污许可的进一步衔接，并在一些具体流程上进行了优化处理。对《省生态环境厅关于加强涉变动项目环评与排污许可管理衔接的通知》重点内容的解读如表 1-4 所示。

表 1-4　《省生态环境厅关于加强涉变动项目环评与排污许可管理衔接的通知》重点内容的解读

序号	项目	内容	解读
1	验收前变动的判定	建设项目环境影响评价文件经批准后，通过竣工环境保护验收前的建设过程中，项目的性质、规模、地点、生产工艺和环境保护措施五个因素中的一项或一项以上发生变动，导致环境影响显著变化(特别是不利环境影响加重)的，界定为重大变动。污染影响类建设项目对照《污染影响类建设项目重大变动清单(试行)》(环办环评函〔2020〕688 号)界定是否属于重大变动。生态影响类建设项目对照《生态影响类建设项目重大变动清单(试行)》界定是否属于重大变动。生态环境部发布行业建设项目重大变动清单的，按行业建设项目重大变动清单执行。	验收前变动对照变动清单来判定。
2	验收后变动的判定	建设项目通过竣工环境保护验收后，原项目的性质、规模、地点、生产工艺和环境保护措施五个因素中的一项或一项以上发生变动，且不属于新、改、扩建项目范畴的，界定为验收后变动。涉及验收后变动的，建设单位应在变动前对照《环评名录》的环境影响评价类别要求，判断是否纳入环评管理。	验收之后就不再进行是否为重大变动的判定，而是根据《环评名录》来判断是否纳入环评管理。

序号	项目	内容	解读
3	验收前,不同判定后的处理	(1) 涉及重大变动的环境影响报告书、表项目,建设单位应在变动内容开工建设前,向现有审批权限的环评文件审批部门重新报批环评文件。对于原环境影响报告书、表项目,拟重新报批时对照新《建设项目环境影响评价分类管理名录》(以下简称《环评名录》)属于环境影响登记表的,在建成并投入生产运营前,填报并提交建设项目环境影响登记表,该项目原环评文件及批复中污染防治设施和措施要求不得擅自降低 (2) 建设项目环境影响评价文件经批准后,通过竣工环境保护验收前的建设过程中,项目的性质、规模、地点、生产工艺和环境保护措施五个因素中的一项或一项以上发生变动,未列入重大变动清单的,界定为一般变动。建设项目涉及一般变动的,纳入排污许可和竣工环境保护验收管理 (3) 排污单位建设的项目涉及一般变动,分以下四种情形办理排污许可证:变动前已取得排污许可证(涉及本项目),且对照《排污许可管理条例》属于重新申请情形的,重新申请排污许可证(新增变动内容);变动前已取得排污许可证(涉及本项目),且不属于重新申请情形的,申请变更排污许可证(新增变动内容);变动前已取得排污许可证(不涉及本项目)的,重新申请排污许可证(新增项目整体内容);变动前未取得排污许可证的,首次申请排污许可证 (4) 排污单位在申请取得或变更排污许可证时,按照一般变动后实际建设的主要生产设施、污染防治设施、污染物排放口等内容如实提交排污许可证申请表,将《一般变动分析》和公开情况作为附件	(1) 如果在验收前涉及重大变动,则开展环评工作 (2) 如果不涉及重大变动,则根据不同的情况开展排污许可证首次申请、变更申请或重新申请 (3) 变更或重新申请排污许可证时,需要单独提供变动分析报告作为附件 (4) 以上措施简化了企业建设过程中处理批建不符情形的工作,进一步优化了营商环境
4	验收后,不同判定后的处理	(1) 涉及验收后变动,且变动内容对照《环评名录》纳入环评管理的,参照改、扩建项目进行管理。建设单位应在验收后变动发生前,依法履行建设项目立项(审批、核准、备案)和环评手续。排污单位建设的项目发生此类验收后变动,按改、扩建项目重新申请排污许可证 (2) 涉及验收后变动,且变动内容对照《环评名录》不纳入环评管理的,按照《环评名录》要求不需要办理环评手续。排污单位建设的项目发生此类验收后变动,且不属于《排污许可管理条例》重新申请排污许可证情形的,纳入排污许可证的变更管理。排污单位应提交《建设项目验收后变动环境影响分析》作为申请材料的附件,并对分析结论负责	(1) 验收之后,如果变动内容对照《环评名录》需要开展环评的,就需要重新开展环评工作 (2) 验收之后,如果变动内容不需要开展环评也不属于排污许可证重新申请情形的,则开展排污许可证变更及验收后的变动分析工作即可

1.5　国家及地方发布的排污许可相关政策文件汇总

1.5.1　国家层面

(1)《关于开展火电、造纸行业和京津冀试点城市高架源排污许可证管理工

作的通知》(环水体〔2016〕189 号),发布日期:2016 年 12 月 27 日

(2)《造纸行业排污许可证申请与核发技术规范》(环水体〔2016〕189 号—附件 2),发布日期:2016 年 12 月 27 日

(3)《火电行业排污许可证申请与核发技术规范》(环水体〔2016〕189 号—附件 1),发布日期:2016 年 12 月 27 日

(4)《关于做好钢铁、水泥行业排污许可证管理工作的通知》(环办规财〔2017〕68 号),发布日期:2017 年 8 月 16 日

(5)《关于做好环境影响评价制度与排污许可制衔接相关工作的通知》(环办环评〔2017〕84 号),发布日期:2017 年 11 月 14 日

(6)《国家排污许可专家库管理规定(暂行)》(无),发布日期:2018 年 5 月 2 日

(7)《关于发布排污许可证承诺书样本、排污许可证申请表和排污许可证格式的通知》(环规财〔2018〕80 号),发布日期:2018 年 8 月 17 日

(8)《关于做好淀粉等 6 个行业排污许可证管理工作的通知》(环办规财〔2018〕26 号),发布日期:2018 年 9 月 6 日

(9)《关于做好污水处理厂排污许可管理工作的通知》(环办环评〔2019〕22 号),发布日期:2019 年 3 月 18 日

(10)《关于做好固定污染源排污许可清理整顿和 2020 年排污许可发证登记工作的通知》(环办环评函〔2019〕939 号),发布日期:2019 年 12 月 20 日

(11)《固定污染源排污许可分类管理名录(2019 年版)》(部令第 11 号),发布日期:2019 年 12 月 20 日

(12)《关于做好"三磷"建设项目环境影响评价与排污许可管理工作的通知》(环办环评〔2019〕65 号),发布日期:2019 年 12 月 31 日

(13)《关于疫情期间固定污染源排污许可证延续变更换发有关事项的复函》(环办环评函〔2020〕166 号),发布日期:2020 年 4 月 13 日

(14)《关于印发〈环评与排污许可监管行动计划(2021—2023 年)〉〈生态环境部 2021 年度环评与排污许可监管工作方案〉的通知》(环办环评函〔2020〕463 号),发布日期:2020 年 9 月 1 日

(15)《关于印发〈2020 年固定污染源排污许可全覆盖"回头看"工作方案〉的通知》(环评函〔2020〕84 号),发布日期:2020 年 10 月 15 日

(16)《排污许可管理条例》(国令第 736 号),发布日期:2021 年 1 月 24 日

(17)《关于印发〈固定污染源排污许可证质量、执行报告审核指导工作方案〉的通知》(环办环评函〔2021〕293 号),发布日期:2021 年 6 月 16 日

（18）《关于开展工业固体废物排污许可管理工作的通知》（环办环评〔2021〕26号），发布日期:2021年12月21日

（19）《关于印发〈关于加强排污许可执法监管的指导意见〉的通知》（环执法〔2022〕23号），发布日期:2022年3月28日

（20）《关于印发〈"十四五"环境影响评价与排污许可工作实施方案〉的通知》（环环评〔2022〕26号），发布日期:2022年4月1日

（21）《关于开展工业噪声排污许可管理工作的通知》（环办环评〔2023〕14号），发布日期:2023年9月29日

（22）《关于调整2023年度排污许可证执行报告报送时间的通知》（环办便函〔2024〕12号），发布日期:2024年1月5日

（23）《关于印发〈2020年排污单位自行监测帮扶指导方案〉的通知》（环办监测函〔2020〕388号），发布日期:2020年7月20日

（24）《关于印发〈排污单位自行监测专项检查技术规程〉的通知》（总站源字〔2022〕268号），发布日期:2022年6月30日

（25）《关于发布〈污染物排放自动监测设备标记规则〉的公告》（公告2022年第21号），发布日期:2022年7月19日

（26）《关于进一步加强固定污染源监测监督管理的通知》（环办监测〔2023〕5号），发布日期:2023年3月8日

（27）《排污许可管理办法（2024年版）》（部令第32号），发布日期:2024年4月8日

1.5.2　地方层面

本部分对部分省、自治区、直辖市已公开发布的政策文件进行了整理,方便政策研究及制定者学习、参考。整理过程中已经尽量做到全面,但难免存在疏漏,敬请理解。

1.5.2.1　北京市

（1）《北京市环境保护局关于开展火电、造纸行业和高架源排污许可证管理工作的通知》，发布日期:2017年2月6日

（2）《北京市生态环境局关于实施排污许可管理的公告》，发布日期:2020年2月10日

（3）《排污单位排污许可证守法指南》，发布日期:2021年12月2日

1.5.2.2 上海市

（1）《上海市环境保护局关于印发上海市排污许可证管理实施细则的通知》（沪环规〔2017〕6 号），发布日期：2017 年 3 月 31 日

（2）《上海市环境保护局关于做好排污许可证与全面达标计划和第二次全国污染源普查衔接工作的通知》（沪环保总〔2018〕36 号），发布日期：2018 年 1 月 25 日

（3）《上海市生态环境局关于进一步规范排污单位自行监测检查工作的通知》（沪环监测〔2019〕135 号），发布日期：2019 年 6 月 11 日

（4）《上海市生态环境局关于开展本市 2020 年排污许可发证和登记管理工作的通告》（沪环评〔2020〕36 号），发布日期：2020 年 2 月 26 日

（5）《上海市生态环境局关于开展 2019 年排污许可证核发质量评估工作的通知》（沪环评〔2020〕68 号），发布日期：2020 年 4 月 3 日

（6）《上海市生态环境局关于进一步完善本市排污单位自行监测监督管理工作的通知》（沪环监测〔2020〕113 号），发布日期：2020 年 6 月 11 日

（7）《上海市生态环境局关于进一步加强土壤污染重点监管单位土壤和地下水自行监测工作的通知》，发布日期：2021 年 5 月 6 日

（8）《上海市生态环境局关于开展 2021 年排污许可证核发质量评估工作的通知》（沪环评〔2021〕85 号），发布日期：2021 年 4 月 12 日

（9）《上海市生态环境局关于印发〈上海市排污许可管理实施细则〉的通知》（沪环规〔2022〕1 号），发布日期：2022 年 2 月 10 日

（10）《关于开展排污许可制与环境影响评价制度衔接改革试点工作的通知》（沪环评〔2022〕44 号），发布日期：2022 年 3 月 3 日

（11）《上海市生态环境局关于加强本市排污单位自行监测和自动监控质量管理的通知》（沪环监测〔2022〕5 号），发布日期：2022 年 1 月 6 日

（12）《关于进一步落实以排污许可制为核心的固定污染源监测监管要求的通知》（沪环监测〔2022〕102 号），发布日期：2022 年 7 月 1 日

（13）《上海市生态环境局关于规范本市固定污染源排污许可证核发技术评估工作的通知》（沪环评〔2022〕159 号），发布日期：2022 年 9 月 14 日

（14）《上海市生态环境局关于印发〈上海市贯彻《关于加强排污许可执法监管的指导意见》的实施方案〉的通知》（沪环执法〔2022〕187 号），发布日期：2022 年 10 月 24 日

（15）《关于支持新城建设深化环评与排污许可改革的若干意见（试行）》（沪

环规〔2022〕12 号），发布日期：2022 年 11 月 30 日

（16）《上海市生态环境局关于开展排污许可与环境影响评价制度衔接工作的通知》（沪环评〔2023〕113 号），发布日期：2023 年 7 月 4 日

（17）《上海市生态环境局关于印发〈上海市浦东新区固定污染源排污许可分类管理名录〉的通知》（沪环规〔2023〕6 号），发布日期：2023 年 7 月 20 日

（18）《上海市生态环境局关于印发〈上海市关于加强排污许可执法监管的实施意见〉的通知》（沪环执法〔2023〕154 号），发布日期：2023 年 9 月 18 日

（19）《上海市生态环境局关于开展 2024 年排污许可证执行报告检查工作的通知》（沪环评〔2024〕18 号），发布日期：2024 年 1 月 19 日

1.5.2.3　浙江省

（1）《浙江省人民政府办公厅关于印发浙江省排污许可证管理实施方案的通知》（浙政办发〔2017〕79 号），发布日期：2017 年 7 月 28 日

（2）《杭州市生态环境局关于印发〈杭州市排污许可证延续告知承诺实施细则〉的通知》（杭环函〔2020〕119 号），发布日期：2020 年 8 月 27 日

（3）《浙江省生态环境厅关于印发〈浙江省环评与排污许可监管行动计划（2021—2023 年）〉〈浙江省生态环境厅 2021 年度环评与排污许可监管工作方案〉的通知》（浙环函〔2020〕295 号），发布日期：2020 年 12 月 15 日

（4）《舟山市人民政府办公室关于固定污染源排污许可规范化管理的实施意见》（舟政办发〔2020〕113 号），发布日期：2020 年 12 月 29 日

（5）《台州市生态环境局关于印发〈台州市环评与排污许可监管三年行动方案（2021—2023 年）〉和〈台州市 2021 年度环评与排污许可监管工作计划〉的通知》（台环函〔2021〕8 号），发布日期：2021 年 1 月 22 日

（6）《关于印发〈杭州市环评与排污许可监管行动计划（2021—2023 年）〉〈杭州市生态环境局 2021 年度环评与排污许可监管工作方案〉的通知》，发布日期：2021 年 2 月 19 日

（7）《台州市生态环境局关于印发〈构建以排污许可制为核心的固定污染源监管制度实施方案〉的通知》（台环发〔2021〕45 号），发布日期：2021 年 8 月 25 日

（8）《杭州市生态环境局关于印发 2022 年度环评与排污许可监管工作方案的通知》（杭环函〔2022〕17 号），发布日期：2022 年 4 月 6 日

（9）《舟山市环评与排污许可监管行动计划（2021—2023 年）》，发布日期：2021 年 8 月 30 日

（10）《浙江省生态环境厅关于印发 2023 年度环评与排污许可监管工作方

案的通知》(浙环函〔2023〕54 号)，发布日期：2023 年 3 月 9 日

（11）《温州市生态环境局关于印发温州市排污许可动态调整指导意见的通知》(温环发〔2023〕64 号)，发布日期：2023 年 11 月 9 日

（12）《湖州市吴兴区环评与排污许可衔接改革实施办法(试行)》，发布日期：2023 年 12 月 26 日

1.5.2.4 海南省

（1）《海南省人民政府办公厅关于印发〈海南省排污许可证试点管理办法〉的通知》(琼府办〔2017〕21 号)，发布日期：2017 年 2 月 17 日

（2）《关于开展水泥、钢铁、石化行业排污许可证申报工作的通知》(琼环评字〔2017〕27 号)，发布日期：2017 年 9 月 1 日

（3）《海南省生态环境厅关于印发〈海南省生态环境厅环评与排污许可信息化衔接工作方案〉的通知》(琼环评字〔2019〕3 号)，发布日期：2019 年 6 月 19 日

（4）《海南省排污许可管理条例》，发布日期：2020 年 1 月 13 日

（5）《关于印发〈海南省生态环境厅环评与排污许可证审查审批管理工作廉政行为规定(试行)〉的通知》(琼环党组〔2020〕63 号)，发布日期：2020 年 5 月 21 日

（6）《海南省生态环境厅关于排污单位排污许可证后执行情况的通报》，发布日期：2020 年 8 月 14 日

（7）《关于海口市已核发排污许可证企业逾期未开展自行监测情况的通报》，发布日期：2020 年 10 月 23 日

（8）《海南省生态环境厅办公室关于制药企业排污许可证中排放标准有关问题的函》，发布日期：2020 年 11 月 9 日

（9）《海南省生态环境厅关于 2020 年排污单位自行监测帮扶指导的通报》(琼环监字〔2020〕14 号)，发布日期：2020 年 12 月 18 日

（10）《海南省生态环境厅关于排污单位排污许可证后执行情况的通报》(琼环评字〔2021〕1 号)，发布日期：2021 年 2 月 8 日

（11）《海南省生态环境厅关于加强固定污染源排污许可证后管理工作的通知》(琼环评字〔2021〕2 号)，发布日期：2021 年 2 月 10 日

（12）《海南省生态环境厅关于重点园区试行环境影响评价与排污许可证衔接有关事项的通知》(琼环评字〔2021〕3 号)，发布日期：2021 年 4 月 9 日

（13）《海南省生态环境厅关于印发〈海南省淡水水产养殖行业排污许可证申请与核发技术指南——文昌市珠溪河流域(试行)〉的通知》(琼环评字〔2021〕

11 号),发布日期:2021 年 11 月 24 日

(14)《海南省生态环境厅关于加强排污单位自行监测监管工作的通知》(琼环监字〔2022〕7 号),发布日期:2022 年 6 月 10 日

(15)《海南省生态环境厅关于公开征求〈海南省排污许可管理条例(修订草案)〉意见的函》(琼环评字〔2024〕1 号),发布日期:2024 年 1 月 22 日

1.5.2.5　山东省

(1)《临沂市生态环境局关于印发〈2021 年度环评与排污许可监管工作方案〉的通知》,发布日期:2020 年 11 月 30 日

(2)《山东省生态环境厅关于落实〈排污许可管理条例〉的实施意见(试行)》(鲁环字〔2021〕92 号),发布日期:2021 年 4 月 9 日

(3)《滨州市生态环境局关于印发滨州市 2021 年度环评与排污许可监管工作细化方案的通知》(滨环办字〔2021〕21 号),发布日期:2021 年 4 月 23 日

(4)《关于排污许可证有效期届满未延续问题的复函》(鲁环办总量函〔2021〕85 号),发布日期:2021 年 6 月 4 日

(5)《关于开展全市纳入排污许可管理企业自动监控设施安装工作的通知》(淄环委办函〔2021〕45 号),发布日期:2021 年 11 月 16 日

(6)《关于印发滨州市建设项目环境影响报告表与简化管理排污许可证并联审批改革工作方案(试行)的通知》(滨环字〔2022〕44 号),发布日期:2022 年 5 月 20 日

(7)《关于印发滨州市固定污染源排污许可与执法联动工作方案(试行)的通知》(滨环字〔2022〕45 号),发布日期:2022 年 5 月 20 日

(8)《关于印发〈济南市深入打击危险废物环境违法犯罪和重点排污单位自动监测数据弄虚作假违法犯罪行动实施方案〉的通知》(济环发〔2022〕12 号),发布日期:2022 年 5 月 30 日

(9)《山东省生态环境厅关于印发排污许可执法检查清单(通用版)的通知》(鲁环字〔2022〕81 号),发布日期:2022 年 6 月 9 日

(10)《山东省生态环境厅执法局关于印发排污许可执法检查清单(电力生产行业)的通知》(鲁环执法〔2022〕19 号),发布日期:2022 年 8 月 19 日

(11)《山东省生态环境厅执法局关于印发排污许可执法检查清单(炼铁、炼钢行业)的通知》(鲁环执法〔2022〕20 号),发布日期:2022 年 8 月 24 日

(12)《山东省生态环境厅执法局关于印发排污许可执法检查清单(造纸行业)的通知》(鲁环执法〔2022〕21 号),发布日期:2022 年 8 月 26 日

（13）《山东省生态环境厅执法局关于印发排污许可执法检查清单（炼焦行业）的通知》（鲁环执法〔2022〕23号），发布日期：2022年8月31日

（14）《山东省生态环境厅关于统一利用排污许可平台报送自行监测信息的通知》（鲁环函〔2022〕104号），发布日期：2022年9月26日

（15）《山东省生态环境厅关于印发山东省贯彻落实〈关于加强排污许可执法监管的指导意见〉的若干措施的通知》（鲁环发〔2023〕4号），发布日期：2023年1月18日

（16）《关于印发〈菏泽市排污许可证核发联合审查实施细则（试行）〉的通知》（菏环发〔2023〕78号），发布日期：2023年8月14日

1.5.2.6 陕西省

（1）《陕西省环境保护厅关于印发〈排污许可证管理暂行规定〉陕西省实施细则的通知》（陕环发〔2017〕14号），发布日期：2017年4月21日

（2）《陕西省人民政府办公厅关于印发控制污染物排放许可制实施计划的通知》（陕政办发〔2017〕34号），发布日期：2017年5月3日

（3）《关于印发〈陕西省排污许可制支撑打好污染防治攻坚战实施方案（2019—2020年）〉的通知》（陕环发〔2018〕44号），发布日期：2018年12月28日

（4）《关于加强土壤污染重点监管单位排污许可管理的通知》（陕环土壤函〔2020〕2号），发布日期：2020年1月10日

（5）《排污许可证申请与核发技术规范 通用设备、专用设备、仪器仪表及其他制造业》（DB61/T 1356—2020），发布日期：2020年9月15日

（6）《关于印发〈陕西省环评与排污许可监管行动计划（2021—2023年）〉和〈陕西省生态环境厅2021年环评与排污许可监管工作方案〉的通知》（陕环办发〔2020〕87号），发布日期：2020年12月4日

（7）《安康市生态环境局关于印发〈安康市固定污染源排污许可证排污登记表质量及执行报告审核工作方案〉的通知》（安环发〔2021〕28号），发布日期：2021年7月14日

（8）《陕西省生态环境厅关于征求〈排污许可证审计式检查指南 总则〉（征求意见稿）地方标准意见的函》，发布日期：2022年10月18日

（9）《关于征求〈陕西省排污许可证核发指南〉意见的通知》，发布日期：2023年7月24日

（10）《关于发布陕西省生态环境厅排污许可证核发目录（2023年本）的通知》，发布日期：7月18日

(11) 陕西省生态环境厅《关于征求〈关于发布陕西省生态环境厅排污许可证核发目录(2023年本)的通知〉意见的通知》,发布日期:2023年7月20日

(12)《陕西省生态环境厅关于印发〈陕西省排污许可制支撑空气质量持续改善实施方案〉的通知》(陕环发〔2023〕59号),发布日期:2023年10月12日

1.5.2.7　吉林省

(1)《吉林省固定污染源排污许可管理办法(试行)》(吉环管字〔2016〕21号),发布日期:2016年6月7日

(2)《吉林省排污许可管理办法》(吉林省人民政府令第264号),发布日期:2017年7月13日

(3)《吉林省环境保护厅关于开展钢铁、水泥行业排污许可证申请与核发工作的公告》,发布日期:2017年8月28日

(4)《排污许可证申请与核发管理要求　糠醛工业》(DB22/T 3069—2019),发布日期:2019年12月25日

(5)《吉林省生态环境厅关于印发〈吉林省排污许可证后管理办法〉的通知》(吉环环评字〔2022〕39号),发布日期:2022年11月24日

(6)《吉林省生态环境厅公开征求〈排污许可证后管理办法〉(征求意见稿)社会公众意见》,发布日期:2022年9月29日

(7)《吉林省生态环境厅公开征求〈关于加强排污许可执法监管的实施意见(征求意见稿)〉社会公众意见的通知》,发布日期:2023年2月16日

(8)《吉林省排污许可管理办法(二次征求意见稿)》公开征求意见,发布日期:2023年6月9日

1.5.2.8　广西壮族自治区

(1)《环境保护厅关于印发〈广西壮族自治区排污许可证管理实施细则(试行)〉的通知》(桂环规范〔2017〕5号),发布日期:2017年6月28日

(2)《广西壮族自治区人民政府办公厅关于印发广西控制污染物排放许可制实施计划的通知》(桂政办发〔2017〕88号),发布日期:2017年7月4日

(3)《广西壮族自治区环境保护厅关于开展有色金属行业排污许可证管理工作的通告》(桂环通告〔2018〕2号),发布日期:2018年3月13日

(4)《广西壮族自治区环境保护厅关于开展淀粉和屠宰及肉类加工工业排污许可证管理工作的通告》(桂环通告〔2018〕5号),发布日期:2018年7月27日

(5)《广西壮族自治区环境保护厅关于开展陶瓷制品制造和有色金属冶炼

行业排污许可证管理工作的通告》（桂环通告〔2018〕6 号），发布日期：2018 年 9 月 20 日

（6）《广西壮族自治区生态环境厅关于开展污水处理设施排污许可证管理工作的通告》（桂环通告〔2018〕7 号），发布日期：2018 年 11 月 27 日

（7）《广西壮族自治区生态环境厅关于开展钢铁和石化行业排污许可证管理工作的通告》（桂环通告〔2018〕11 号），发布日期：2018 年 12 月 27 日

（8）《广西壮族自治区环境保护厅关于取消入海排污口位置审批行政许可事项的通知》（桂环发〔2019〕8 号），发布日期：2019 年 2 月 22 日

（9）《广西壮族自治区生态环境厅关于公布自愿参与排污许可工作技术单位名单的函》（桂环函〔2019〕622 号），发布日期：2019 年 3 月 13 日

（10）《广西壮族自治区生态环境厅关于开展汽车制造及污水处理行业排污许可证管理工作的通告》（桂环通告〔2019〕2 号），发布日期：2019 年 1 月 17 日

（11）《自治区生态环境厅关于排污许可发证核发工作相关问题的函》（桂环函〔2020〕604 号），发布日期：2020 年 4 月 20 日

（12）《崇左市生态环境局关于明确排污许可证核发相关事项的通知》（崇环发〔2021〕16 号），发布日期：2021 年 5 月 14 日

1.5.2.9　内蒙古自治区

（1）《内蒙古自治区人民政府办公厅关于印发〈内蒙古自治区控制污染物排放许可制实施方案〉的通知》（内政办发〔2017〕98 号），发布日期：2017 年 6 月 6 日

（2）《内蒙古自治区环境保护厅关于贯彻落实〈内蒙古自治区控制污染物排放许可制实施方案〉有关事宜的通知》（内环办〔2017〕237 号），发布日期：2017 年 6 月 22 日

（3）《内蒙古自治区环境保护厅关于对钢铁、水泥等十三个重点行业申领排污许可证的公告》，发布日期：2017 年 9 月 8 日

（4）《内蒙古自治区环境保护厅关于进一步做好排污许可证核发工作的通知》（内环办〔2017〕410 号），发布日期：2017 年 11 月 15 日

（5）《内蒙古自治区环境保护厅关于开展排污许可工作的公告》（公告〔2018〕2 号），发布日期：2018 年 3 月 28 日

（6）《内蒙古自治区关于印发排污许可实施优化审批服务改革举措和事中事后监管方案的通知》（内环办〔2021〕121 号），发布日期：2021 年 7 月 28 日

（7）《关于印发〈排污许可证审批事项事中事后监管方案（试行）〉的通知》，

发布日期:2022 年 9 月 20 日

(8)《阿拉善盟生态环境局关于授权各分局核发简化管理类排污许可证的通知》(阿环函〔2022〕106 号),发布日期:2022 年 12 月 12 日

1.5.2.10　山西省

(1)《山西省人民政府办公厅关于印发控制污染物排放许可制实施计划的通知》(晋政办发〔2017〕74 号),发布日期:2017 年 6 月 27 日

(2)《山西省环评与排污许可专项检查工作方案》(晋环环评函〔2020〕529 号),发布日期:2020 年 10 月 16 日

(3)《山西省生态环境厅关于印发〈山西省环评与排污许可监管行动实施方案(2021—2023 年)〉〈山西省生态环境厅 2021 年度环评与排污许可监管工作方案〉的通知》(晋环环评函〔2020〕530 号),发布日期:2020 年 10 月 16 日

(4)《阳泉市生态环境局关于进一步做好排污许可管理工作的通知》,发布日期:2021 年 4 月 29 日

(5)《关于进一步规范开发区环评与排污许可生态环境监管的通知》(并环发〔2022〕45 号),发布日期:2022 年 6 月 13 日

(6)《关于公开征求〈关于进一步强化重点行业排污单位排污许可管理工作的通知(征求意见稿)〉意见的函》,发布日期:2023 年 2 月 20 日

1.5.2.11　四川省

(1)《四川省环境保护厅办公室关于开展排污许可证质量现场详查及相关技术指导的通知》(川环办函〔2018〕214 号),发布日期:2018 年 5 月 30 日

(2)《成都市生态环境局关于印发积极服务市场主体支持企业落实排污许可制度十条措施的函》(成环函〔2020〕85 号),发布日期:2020 年 8 月 10 日

(3)《四川省生态环境厅关于排污单位落实排污许可证后管理有关要求的通告》,发布日期:2020 年 9 月 24 日

(4)《成都市生态环境局关于加强涉变动项目环评与排污许可管理衔接的通知》(成环审函〔2021〕521 号),发布日期:2021 年 12 月 6 日

1.5.2.12　福建省

(1)《漳州市生态环境局关于公布〈漳州市排污许可清理整顿 33 个行业限期整改排污单位及整改要求〉的公告》,发布日期:2020 年 4 月 30 日

(2)《福建省生态环境厅关于开展 2020 年排污单位自行监测帮扶指导工作

的通知》(闽环保监测〔2020〕11号)，发布日期：2020年8月3日

(3)《海沧生态环境局关于排污许可证申请等相关事项的通知》，发布日期：2021年5月13日

(4)《莆田市生态环境局关于印发〈制鞋企业环评与排污许可"一件事"集成套餐服务实施方案(试行)〉的通知》(莆环保〔2022〕75号)，发布日期：2022年5月30日

1.5.2.13　安徽省

(1)《安徽省环保厅关于明确火电行业主要污染物许可排放量核算方法的函》(皖环函〔2017〕343号)，发布日期：2017年3月27日

(2)《安徽省环保厅关于开展钢铁、水泥行业排污许可证申请与核发工作的公告》，发布日期：2017年9月1日

(3)《安徽省环保厅关于开展制糖、纺织印染、制革、化肥、农药制造、医药制造、有色金属等工业排污许可证申请与核发工作的公告》，发布日期：2017年10月25日

(4)《安徽省环保厅关于开展淀粉工业、屠宰及肉类加工工业等排污许可证申请与核发工作的公告》，发布日期：2018年7月17日

(5)《安徽省固定污染源排污许可证核发工作规程(试行)》(皖环发〔2019〕92号)，发布日期：2019年12月31日

(6)《安徽省生态环境厅关于印发〈安徽省固定污染源排污许可证证后监管工作方案(试行)〉的通知》(皖环函〔2019〕1127号)，发布日期：2019年12月25日

(7)《安徽省生态环境厅关于统筹做好固定污染源排污许可日常监管工作的通知》(皖环发〔2021〕7号)，发布日期：2021年1月30日

(8)《关于印发〈中国(安徽)自由贸易试验区合肥片区高新区块环境影响评价与排污许可深度衔接"两证合一"改革实施方案(试行)〉的通知》(合高管〔2022〕34号)，发布日期：2022年3月22日

(9)《安徽省生态环境厅关于进一步规范环评和排污许可审批及技术服务行为的通知》，发布日期：2022年8月11日

1.5.2.14　江西省

(1)《江西省生态环境厅关于印发〈江西省排污许可管理办法(试行)〉的通知》(赣环发〔2019〕2号)，发布日期：2019年12月10日

(2)《江西省生态环境厅关于成立江西省固定污染源排污许可清理整顿和发证登记工作领导小组的通知》,发布日期:2020年2月14日

(3)《南昌市生态环境局关于印发〈南昌市生态环境局环评与排污许可改革创新十条〉的通知》(洪环发〔2022〕84号),发布日期:2022年7月28日

(4)《江西省生态环境厅关于印发〈江西省生态环境厅《排污许可管理条例》行政处罚自由裁量权细化标准〉的通知》(赣环法规〔2022〕13号),发布日期:2022年6月28日

(5)《江西省生态环境厅关于全省已核发排污许可证企业自行监测及信息公开网络核查情况的通报(2022年第3期)》(赣环监测字〔2022〕36号),发布日期:2022年10月18日

(6)《关于公开征求〈吉安市生态环境局关于规范涉变动污染影响类项目环评与排污许可管理的通知〉的公告》,发布日期:2023年8月25日

1.5.2.15 河北省

(1)《关于印发〈河北省重点行业排污许可管理试点工作方案〉的通知》(冀环办字函〔2017〕432号),发布日期:2017年8月8日

(2)《关于调整排污许可证核发权限的通知》(冀环评函〔2018〕114号),发布日期:2018年1月26日

(3)《关于进一步完善排污许可制实施工作的通知》(冀环评函〔2018〕689号),发布日期:2018年6月7日

(4)《河北省环境保护厅关于开展屠宰及肉类加工等行业国家版排污许可证申请与核发工作的通知》(冀环评〔2018〕394号),发布日期:2018年8月2日

(5)《关于进一步规范和完善排污许可管理工作的通知》(冀环评函〔2018〕1534号),发布日期:2018年9月21日

(6)《关于印发〈河北省生态环境厅2020年排污许可事中事后监管工作方案〉的通知》(冀环办字函〔2020〕166号),发布日期:2020年5月13日

(7)《关于印发〈河北省涉危险废物工业企业和处置企业环境影响评价与排污许可专项检查工作方案〉的通知》(冀环环评函〔2020〕1617号),发布日期:2020年6月1日

(8)《河北省生态环境厅关于明确〈河北省涉危险废物工业企业和处置企业环境影响评价与排污许可有关问题认定标准及整改要求〉的通知》(冀环环评函〔2020〕687号),发布日期:2020年6月17日

(9)《关于进一步做好排污许可证申请与核发工作的通知》(冀环函〔2020〕

714 号），发布日期：2020 年 7 月 1 日

（10）《关于开展排污许可证颁发和监管工作情况自查的通知》（冀环办字〔2020〕738 号），发布日期：2020 年 7 月 3 日

（11）《关于印发〈河北省排污许可管理暂行办法〉的通知》（冀环规〔2020〕805 号），发布日期：2020 年 7 月 15 日

（12）《关于进一步加强排污许可证全生命周期管理的通知》（冀环办字〔2020〕1234 号），发布日期：2020 年 9 月 11 日

（13）《关于开展排污许可证签发和管理工作情况专项检查的通知》（冀环办字〔2020〕1450 号），发布日期：2020 年 10 月 9 日

（14）《关于印发〈河北省排污许可证核发和管理工作规程（试行）〉的通知》（冀环办字〔2020〕1589 号），发布日期：2020 年 11 月 2 日

（15）《关于印发〈河北省生态环境厅关于加强和改进排污许可工作的实施意见〉的通知》（冀环规〔2021〕7 号），发布日期：2021 年 1 月 4 日

（16）《关于进一步加强排污许可证管理和服务工作的通知》（冀环函〔2021〕296 号），发布日期：2021 年 3 月 16 日

（17）《关于开展排污许可证签发和管理情况"回头看"工作的通知》（冀环办字〔2021〕609 号），发布日期：2021 年 5 月 14 日

（18）《关于印发〈河北省排污许可证管理信息系统操作手册（2021 版）〉的通知》（冀环办字〔2021〕1111 号），发布日期：2021 年 8 月 6 日

（19）《关于开展排污许可证签发和管理情况专项检查的通知》（冀环办字〔2021〕1603 号），发布日期：2021 年 11 月 5 日

（20）《关于开展 2022 年度排污许可证核发和管理工作情况自查的通知》（冀环办字〔2022〕239 号），发布日期：2022 年 2 月 18 日

（21）《关于印发〈河北省排污许可证核发和管理工作规程（2022 年版）〉的通知》（冀环办字〔2022〕1234 号），发布日期：2022 年 5 月 6 日

（22）《关于印发〈河北省生态环境厅关于进一步加强排污许可工作的通知〉》（冀环规〔2022〕567 号），发布日期：2022 年 7 月 15 日

（23）《关于印发〈河北省排污许可证管理暂行办法（2022 年修订版）〉的通知》（冀环规〔2022〕789 号），发布日期：2022 年 8 月 5 日

1.5.2.16 广东省

（1）《广东省环境保护厅关于实施国家排污许可制有关事项的公告》（粤环发〔2018〕7 号），发布日期：2018 年 7 月 23 日

(2)《排污许可百问百答》,发布日期:2020 年 3 月 11 日

(3)《广州市生态环境局办公室关于印发广州市排污许可证核发技术审核工作指引(2020 版)的通知》(穗环办〔2020〕67 号),发布日期:2020 年 10 月 29 日

(4)《关于做好 2020 年度东莞市排污单位自行监测备案工作的通知》,发布日期:2020 年 12 月 28 日

(5)《深圳市生态环境局关于公开征求〈深圳市固定污染源排污许可分类管理名录(征求意见稿)〉意见的通告》,发布日期:2021 年 9 月 22 日

(6)《汕头市生态环境局关于印发〈汕头市固定污染源排污许可证分级核发目录(2021 年本)〉的通知》,发布日期:2021 年 10 月 9 日

(7)《中山市排污许可证核发办事指南》(中环规〔2021〕2 号),发布日期:2021 年 10 月 25 日

(8)《佛山市生态环境局关于印发〈佛山市排污许可制与环境影响评价制度有机衔接改革试点实施细则(试行)〉的通知》(佛环〔2022〕22 号),发布日期:2022 年 3 月 30 日

(9)《深圳市生态环境局关于印发〈深圳市固定污染源排污许可分类管理名录〉的通知》(深环规〔2022〕2 号),发布日期:2022 年 4 月 22 日

(10)《关于贯彻落实"十四五"环境影响评价与排污许可工作实施方案的通知》(粤环函〔2022〕278 号),发布日期:2022 年 5 月 18 日

(11)《深圳市生态环境局关于做好〈深圳市固定污染源排污许可分类管理名录〉实施衔接工作的通知》(深环〔2022〕117 号),发布日期:2022 年 5 月 26 日

(12)《珠海市生态环境局关于印发〈珠海市环评审批与排污许可创新服务工作实施方案〉的通知》(珠环〔2022〕102 号),发布日期:2022 年 6 月 27 日

(13)《佛山市生态环境局关于进一步加强涉 VOCs 重点行业环评审批及排污许可管理的通知》(佛环〔2022〕33 号),发布日期:2022 年 6 月 16 日

(14)《关于印发〈东莞市排污许可制与环境影响评价制度有机衔接改革试点实施方案〉的通知》(东环办函〔2022〕58 号),发布日期:2022 年 8 月 30 日

(15)《关于印发〈东莞市排污许可制与环境影响评价制度有机衔接改革试点实施细则(试行)〉的通知》(东环办〔2022〕48 号),发布日期:2022 年 12 月 19 日

(16)《天河区建设项目环境影响评价文件与排污许可证联动申报指引(试行)》,发布日期:2023 年 5 月 12 日

(17)《深圳市温室气体重点排放单位自行监测技术指南 火力发电(试行)》,

发布日期：2023 年 6 月 19 日

（18）《深圳市温室气体重点排放单位自行监测技术指南 生活垃圾焚烧（试行）》，发布日期：2023 年 6 月 19 日

（19）《深圳市生态环境局关于印发〈深圳市排污许可证与建设项目环评衔接试点工作方案〉的通知》（深环〔2023〕144 号），发布日期：2023 年 7 月 4 日

1.5.2.17　湖北省

（1）《市人民政府关于印发鄂州市城镇污水排入排水管网许可管理实施细则的通知》（鄂环发〔2022〕12 号），发布日期：2022 年 7 月 14 日

（2）《关于印发〈仙桃市固定污染源排污许可证质量、执行报告审核工作实施方案〉的通知》（仙环发〔2021〕20 号），发布日期：2021 年 7 月 14 日

（3）《湖北省生态环境厅关于全面实施排污许可及排污登记管理的公告》，发布日期：2020 年 3 月 28 日

（4）《省生态环境厅关于印发〈湖北省固定污染源排污许可清理整顿和 2020 年排污许可发证登记工作方案〉的通知》（鄂环发〔2020〕18 号），发布日期：2020 年 3 月 25 日

（5）《省人民政府办公厅关于印发湖北省控制污染物排放许可制实施方案的通知》（鄂政办发〔2017〕50 号），发布日期：2017 年 6 月 27 日

1.5.2.18　河南省

（1）《河南省人民政府办公厅关于印发河南省排污许可管理暂行办法的通知》（豫政办〔2016〕116 号），发布日期：2016 年 6 月 30 日

（2）《河南省环境保护厅关于开展钢铁水泥行业排污许可证管理工作的通知》（豫环文〔2017〕252 号），发布日期：2017 年 8 月 15 日

（3）《河南省环境保护厅关于印发河南省排污许可证管理实施细则的通知》（豫环文〔2017〕302 号），发布日期：2017 年 10 月 24 日

（4）《关于进一步做好排污许可管理工作的通知》（豫环办〔2021〕11 号），发布日期：2021 年 3 月 18 日

（5）《济源示范区生态环境局关于明确排污许可证大气污染物排放量核算审查要求的通知》（济管环〔2021〕118 号），发布日期：2021 年 11 月 18 日

（6）《洛阳市人民政府办公室关于印发洛阳市城市污水排入排水管网许可管理暂行办法的通知》（洛政办〔2021〕73 号），发布日期：2021 年 12 月 29 日

（7）《河南省生态环境厅办公室关于开展工业固体废物排污许可管理工作

的通知》(豫环办〔2022〕5 号),发布日期:2022 年 1 月 20 日

(8)《洛阳市生态环境局关于进一步优化环评与排污许可审批服务产业发展的通知》(洛市环〔2022〕36 号),发布日期:2022 年 8 月 18 日

(9)《安阳市生态环境局关于进一步规范环评和排污许可审核审批行为的通知》(安环文〔2022〕141 号),发布日期:2022 年 9 月 13 日

(10)《河南省生态环境厅关于公开征求〈关于规范污染影响类涉变动项目环评与排污许可管理的通知〉的公告》,发布日期:2023 年 1 月 3 日

(11)《河南省生态环境厅办公室关于规范涉变动污染影响类项目环评与排污许可管理的通知》(豫环办〔2023〕4 号),发布日期:2023 年 1 月 29 日

(12)《河南省生态环境厅办公室关于印发〈河南省环境影响评价及排污许可审查审批规范(试行)〉的通知》(豫环办〔2023〕39 号),发布日期:2023 年 5 月 17 日

1.5.2.19　江苏省

(1)《关于开展火电、造纸和水泥行业污染源排污许可证管理工作的通知》(苏环办〔2017〕4 号),发布日期:2017 年 1 月 9 日

(2)《关于进一步加强重点排污单位自行监测和自动监控设施建设,推进监测数据联网报送工作的通知》(通环规〔2018〕3 号),发布日期:2018 年 3 月 27 日

(3)《江苏省生态环境厅关于印发〈江苏省环境空气质量自动监测站管理办法(试行)〉的通知》(苏环规〔2019〕2 号),发布日期:2019 年 1 月 17 日

(4)《关于开展江苏省 2020 年排污许可证申领和排污登记工作的通告》,发布日期:2020 年 2 月 8 日

(5)《省生态环境厅关于印发〈江苏省重点排污单位自动监测数据执法应用办法(试行)〉的通知》(苏环规〔2020〕2 号),发布日期:2020 年 11 月 24 日

(6)《省生态环境厅关于进一步加强土壤污染重点监管单位排污许可管理的通知》(苏环办〔2020〕383 号),发布日期:2020 年 12 月 15 日

(7)《市生态环境局关于印发〈盐城市环评与排污许可监管行动计划(2021—2023 年)〉的通知》(盐环办〔2021〕78 号),发布日期:2021 年 3 月 25 日

(8)《省生态环境厅关于加强涉变动项目环评与排污许可管理衔接的通知》(苏环办〔2021〕122 号),发布日期:2021 年 4 月 2 日

(9)《省生态环境厅关于将排污单位活性炭使用更换纳入排污许可管理的通知》(苏环办〔2021〕218 号),发布日期:2021 年 7 月 19 日

(10)《关于开展清洁生产审核与排污许可管理制度衔接试点工作的通知》

（镇环办〔2022〕43号），发布日期：2022年3月21日

（11）《关于印发〈深入打击危险废物非法处置、重点排污单位自动监测数据弄虚作假和废水偷排直排环境违法犯罪专项行动方案〉的通知》（苏环办〔2022〕153号），发布日期：2022年5月23日

（12）《关于印发〈南通市污染源自动监测质量控制管理规定（试行）〉的通知》（通环规〔2022〕1号），发布日期：2022年6月21日

（13）《关于加强排污许可"一证式"执法监管的实施意见》（苏环发〔2022〕8号），发布日期：2022年12月13日

（14）《关于印发2023年环境影响评价与排污许可工作要点的通知》（苏环办〔2023〕86号），发布日期：2023年3月28日

1.5.2.20　甘肃省

（1）《甘肃省人民政府办公厅关于印发〈甘肃省控制污染物排放许可制实施计划〉的通知》（甘政办发〔2017〕93号），发布日期：2017年5月25日

（2）《甘肃省人民政府关于废止〈甘肃省排污许可证管理办法〉的决定》（甘肃省人民政府令第147号），发布日期：2018年10月25日

（3）《甘肃省生态环境工程评估中心关于推荐排污许可申请填报指南的通知》，发布日期：2020年8月11日

（4）《张掖市生态环境局关于印发〈张掖市环评与排污许可监管行动计划（2021—2023年）〉〈张掖市生态环境局2021年度环评与排污许可监管工作方案〉的通知》（张环环评发〔2020〕53号），发布日期：2020年12月15日

（5）《甘肃省生态环境厅关于印发〈甘肃省排污许可管理实施细则（试行）〉的通知》，发布日期：2022年9月11日

（6）《甘肃省生态环境厅关于印发〈2023年度环评与排污许可监管工作方案〉的通知》（甘环环评发〔2023〕3号），发布日期：2023年3月18日

1.5.2.21　河南省

（1）《河南省环境保护厅关于进一步规范排污许可证管理工作的通知》（豫环文〔2014〕22号），发布日期：2014年2月14日

（2）《河南省人民政府办公厅关于印发河南省排污许可管理暂行办法的通知》（豫政办〔2016〕116号），发布日期：2016年6月30日

（3）《河南省环境保护厅关于开展钢铁水泥行业排污许可证管理工作的通知》（豫环文〔2017〕252号），发布日期：2017年8月15日

(4)《河南省环境保护厅关于印发河南省排污许可证管理实施细则的通知》(豫环文〔2017〕302号),发布日期:2017年10月24日

(5)《关于进一步做好排污许可管理工作的通知》(豫环办〔2021〕11号),发布日期:2021年3月18日

(6)《济源示范区生态环境局关于明确排污许可证大气污染物排放量核算审查要求的通知》(济管环〔2021〕118号),发布日期:2021年11月18日

(7)《洛阳市人民政府办公室关于印发洛阳市城市污水排入排水管网许可管理暂行办法的通知》(洛政办〔2021〕73号),发布日期:2021年12月29日

(8)《河南省生态环境厅办公室关于开展工业固体废物排污许可管理工作的通知》(豫环办〔2022〕5号),发布日期:2022年1月20日

(9)《洛阳市生态环境局关于进一步优化环评与排污许可审批服务产业发展的通知》(洛市环〔2022〕36号),发布日期:2022年8月18日

(10)《安阳市生态环境局关于进一步规范环评和排污许可审核审批行为的通知》(安环文〔2022〕141号),发布日期:2022年9月13日

(11)《河南省生态环境厅办公室关于规范涉变动污染影响类项目环评与排污许可管理的通知》(豫环办〔2023〕4号),发布日期:2023年1月29日

(12)《河南省生态环境厅办公室关于印发〈河南省环境影响评价及排污许可审查审批规范(试行)〉的通知》(豫环办〔2023〕39号),发布日期:2023年5月17日

1.5.2.22　云南省

(1)《关于印发〈云南省排放污染物许可证管理办法(试行)〉的通知》(云环控发〔2001〕806号),发布日期:2001年11月29日

(2)《云南省生态环境厅关于印发〈云南省贯彻《排污许可管理条例》实施细则〉的通知》(云环规〔2021〕1号),发布日期:2021年12月14日

(3)《排污许可办事指南2021年版》,发布日期:2021年11月30日

(4)《云南省排污单位排污许可证工业固体废物申请填报指南(第一版)》,发布日期:2022年1月11日

(5)《昆明市生态环境局关于印发〈贯彻落实《排污许可管理条例》实施方案〉的通知》,发布日期:2022年5月16日

(6)《昆明市生态环境局关于更新建设项目环境影响评价文件审批及排污许可两项办事指南及业务手册的通知》,发布日期:2020年6月24日

1.5.2.23 重庆市

(1)《重庆市人民政府办公厅关于印发重庆市控制污染物排放许可制实施计划的通知》(渝府办发〔2017〕167 号),发布日期:2017 年 11 月 6 日

(2)《重庆市环境保护局关于钢铁、水泥企业申领排污许可证的公告》,发布日期:2017 年 9 月 13 日

(3)《重庆市生态环境局办公室关于加快推进肥料、汽车、电池、锅炉、电镀设施等行业排污许可证核发工作的通知》(渝环办〔2019〕241 号),发布日期:2019 年 5 月 29 日

(4)《重庆市生态环境局关于依法申领排污许可证和排污登记的公告》(市生态环境局便函〔2020〕304 号),发布日期:2020 年 3 月 31 日

(5)《重庆市生态环境局办公室关于印发〈重庆市 2021 年度环评与排污许可监管工作方案〉的通知》(渝环办〔2020〕305 号),发布日期:2020 年 12 月 16 日

(6)《重庆市涪陵区关于印发涪陵区 2022 年环评与排污许可统一受理、同步办理试点工作实施方案的通知》(涪环发〔2022〕52 号),发布日期:2022 年 6 月 28 日

(7)《重庆市生态环境局办公室关于印发环评与排污许可统一受理、同步办理试点工作实施方案的通知》(渝环办〔2021〕276 号),发布日期:2021 年 12 月 7 日

(8)《重庆市生态环境局办公室关于进一步明确土壤污染重点监管单位自行监测工作要求的通知》(渝环办〔2023〕147 号),发布日期:2023 年 7 月 21 日

1.5.2.24 湖南省

(1)《湖南省环境保护厅关于钢铁、水泥企业申领新版排污许可证的公告》,发布日期:2017 年 8 月 21 日

(2)《湖南省生态环境厅关于食品制造、废弃资源加工、酒和饮料制造、人造板制造、家具制造、环境治理业、化学制品制造、电镀设施行业申领排污许可证的公告》,发布日期:2019 年 10 月 18 日

(3)《湖南省生态环境厅关于全面实施排污许可及排污登记管理的通告》,发布日期:2020 年 1 月 17 日

(4)《关于印发〈湘潭市固定污染源排污许可清理整顿和排污许可发证登记工作实施方案〉的通知》(潭环发〔2020〕3 号),发布日期:2020 年 2 月 14 日

(5)《湖南省生态环境厅关于印发〈湖南省环评与排污许可监管行动计划

（2021—2023 年）〉〈湖南省生态环境厅 2021 年度环评与排污许可监管工作方案〉的通知》，发布日期：2020 年 11 月 23 日

（6）《益阳市生态环境局关于印发〈益阳市环评与排污许可监管行动计划（2021—2023 年）〉〈益阳市生态环境局 2021 年度环评与排污许可监管工作方案〉的通知》（益环发〔2021〕1 号），发布日期：2021 年 1 月 29 日

（7）《常德市生态环境局关于印发〈常德市排污许可管理办法（试行）〉的通知》，发布日期：2022 年 3 月 25 日

（8）《湖南省生态环境厅关于印发〈湖南省固定污染源排污许可管理规程（试行）〉的通知》，发布日期：2023 年 5 月 6 日

1.5.2.25　贵州省

（1）《贵州省污染物排放申报登记及污染物排放许可证管理办法》，发布日期：2008 年 9 月 22 日

（2）《贵州省环境保护厅关于重新申领核发火电、造纸行业排污许可证的通知》（黔环通〔2017〕68 号），发布日期：2017 年 6 月 9 日

（3）《省人民政府办公厅关于印发贵州省控制污染物排放许可制实施方案的通知》（黔府办发〔2017〕19 号），发布日期：2017 年 6 月 9 日

（4）《贵州省生态环境厅关于依法申领排污许可证的公告》，发布日期：2020 年 1 月 16 日

（5）《关于对〈六盘水市建设项目环境影响评价文件审批程序（征求意见稿）〉和〈六盘水市排污许可证审批程序（征求意见稿）〉公开征求意见建议的通知》，发布日期：2022 年 3 月 1 日

（6）《六盘水市排污许可证审批程序》，发布日期：2022 年 9 月 2 日

（7）《六盘水市建设项目环境影响评价文件审批程序》，发布日期：2022 年 9 月 2 日

（8）《贵州省生态环境厅关于印发〈贵州省加强排污许可执法监管实施方案〉的通知》（黔环执法〔2022〕13 号），发布日期：2022 年 11 月 23 日

（9）《关于印发环评排污许可及入河排污口设置"三合一"行政审批改革试点工作实施方案的通知》（黔环通〔2019〕187 号），发布日期：2019 年 10 月 21 日

1.5.2.26　辽宁省

（1）《关于明确石化行业油品调和类企业排污许可证管理级别的通知》（盘环环评函〔2020〕3 号），发布日期：2020 年 3 月 16 日

（2）《关于印发〈沈阳市建设项目环评审批与排污许可证核发并联审批改革试点工作实施方案〉的通知》（沈环发〔2022〕47号），发布日期：2022年11月14日

（3）《大连市生态环境局关于印发〈支持振兴发展深化环评与排污许可改革方案（试行）〉的通知》（大环发〔2023〕76号），发布日期：2023年6月12日

1.5.2.27　黑龙江省

（1）《哈尔滨市生态环境局关于对〈哈尔滨市排污许可证核发登记暨行业清理整顿工作方案〉（征求意见稿）公开征求意见的通知》，发布日期：2020年8月10日

（2）《哈尔滨市生态环境局关于对〈落实排污许可制度实施行业综合治理工作方案〉（征求意见稿）公开征求意见的通知》，发布日期：2020年9月11日

（3）《关于印发〈哈尔滨市落实排污许可制度实施行业综合治理工作方案〉的通知》（哈环规〔2020〕5号），发布日期：2020年9月29日

（4）《关于印发〈黑龙江省排污许可执法与环评协同配合工作机制（试行）〉的通知》，发布日期：2022年8月17日

1.5.2.28　天津市

（1）《天津市人民政府办公厅关于转发市环保局拟定的天津市控制污染物排放许可制实施计划的通知》（津政办〔2017〕61号），发布日期：2017年4月15日

（2）《市生态环境局关于印发〈排污许可制全面支撑打好污染防治攻坚战实施方案（2019—2020年）〉的通知》（津环环评〔2019〕60号），发布日期：2019年5月14日

（3）《市生态环境局关于汽车制造等行业申领排污许可证的公告》（津环环评〔2019〕5号），发布日期2019年9月23日

第 2 章

排污许可技术规范及自测技术指南

2.1　排污许可技术规范

本部分梳理了现行有效的技术规范文件,其中对于容易引发误解的技术文件,增加了相关使用范围备注。

2.1.1　总则

《排污许可证申请与核发技术规范 总则》(HJ 942—2018)

适用范围:

有行业排污许可证申请与核发技术规范(以下简称行业技术规范)的,执行行业技术规范;无行业技术规范的,执行本标准;行业涉及通用工序的,执行通用工序排污许可证申请与核发技术规范。行业或通用工序排污许可证申请与核发技术规范的编制可参考本标准。

2.1.2　工业行业

(1)《造纸行业排污许可证申请与核发技术规范》(2016 年发布,无编号)

适用范围:

本技术规范适用于指导造纸行业排污单位填报《排污许可证申请表》及网上填报相关申请信息,同时适用于指导核发机关审核确定排污许可证许可要求。

造纸行业排污许可证发放范围为所有制浆企业、造纸企业、浆纸联合企业以及纳入排污许可证管理的纸制品企业。

(2)《火电行业排污许可证申请与核发技术规范》(2016 年发布,无编号)

适用范围:

本技术规范适用于指导火电行业及自备电厂所在的排污单位填报《排污许可证申请表》及网上填报相关申请信息,同时适用于指导核发机关审核确定排污许可证许可要求。

火电行业排污许可证发放范围为执行《火电厂大气污染物排放标准》(GB 13223—2011)的火电机组所在企业,以及有自备电厂的企业,其中自备电厂所在企业仅包括执行 GB 13223—2011 标准的设施(蒸汽仅用于供热且不发电的锅炉除外)。

(3)《排污许可证申请与核发技术规范 化肥工业—氮肥》(HJ 864.1—2017)

(4)《排污许可证申请与核发技术规范 水泥工业》(HJ 847—2017)

适用范围：

本标准规定了水泥工业排污单位排污许可证申请与核发的基本情况填报要求、许可排放限值确定、实际排放量核算、合规判定的技术方法以及自行监测、环境管理台账及排污许可证执行报告等环境管理要求，提出了水泥工业污染防治可行技术要求。

本标准适用于指导水泥工业排污单位填报《排污许可证申请表》及网上填报相关申请信息，适用于指导核发机关审核确定水泥工业排污单位排污许可证许可要求。

本标准适用于水泥（熟料）制造、独立粉磨站排污单位排放的大气污染物和水污染物的排污许可管理。

(5)《排污许可证申请与核发技术规范 农药制造工业》（HJ 862—2017）

适用范围：

本标准规定了农药制造工业排污单位排污许可证申请与核发的基本情况填报要求、许可排放限值确定、实际排放量核算、合规判定的方法以及自行监测、环境管理台账与排污许可证执行报告等环境管理要求，提出了农药制造工业污染防治可行技术要求。

本标准适用于指导农药制造工业排污单位填报《排污许可证申请表》及在全国排污许可证管理信息平台申报系统上填报相关申请信息，同时适用于指导核发机关审核确定农药制造工业排污单位排污许可证许可要求。

本标准适用于农药原药制造、主要用于农药生产的农药中间体制造、农药制剂加工排污单位排放的大气污染物和水污染物的排污许可管理。

(6)《排污许可证申请与核发技术规范 制革及毛皮加工工业—制革工业》（HJ 859.1—2017）

(7)《排污许可证申请与核发技术规范 制药工业—原料药制造》（HJ 858.1—2017）

适用范围：

本标准规定了制药工业—原料药制造排污单位排污许可证申请与核发的基本情况填报要求、许可排放限值确定、实际排放量核算、合规判定的技术方法以及自行监测、环境管理台账与排污许可证执行报告等环境管理要求，提出了制药工业—原料药制造污染防治可行技术要求。

本标准适用于指导制药工业—原料药制造排污单位填报《排污许可证申请表》及在全国排污许可证管理信息平台上填申报系统填报相关申请信息，同时适用于指导核发机关审核确定制药工业—原料药制造排污单位排污许可证许可要求。

本标准适用于进一步加工化学药品制剂所需的原料药的生产、主要用于药物生产的医药中间体的生产及兽用药品制造（化学原料药）排污单位排放的大气污染物和水污染物的排污许可管理。

（8）《排污许可证申请与核发技术规范 电镀工业》（HJ 855—2017）

适用范围：

本标准规定了电镀工业排污单位以及专门处理电镀废水的集中式污水处理厂排污许可证申请与核发的基本情况填报要求、许可排放限值确定、实际排放量核算、合规判定的方法以及自行监测、环境管理台账及排污许可证执行报告等环境管理要求，提出了电镀工业污染防治可行技术要求。

本标准适用于指导电镀工业排污单位以及专门处理电镀废水的集中式污水处理厂填报《排污许可证申请表》及在网上填报相关申请信息，适用于指导核发机关审核确定电镀工业排污单位以及专门处理电镀废水的集中式污水处理厂排污许可证许可要求。

（9）《排污许可证申请与核发技术规范 钢铁工业》（HJ 846—2017）

适用范围：

本标准规定了钢铁工业排污单位排污许可证申请与核发的基本情况填报要求、许可排放限值确定、实际排放量核算、合规判定的方法以及自行监测、环境管理台账及排污许可证执行报告等环境管理要求，提出了钢铁工业污染防治可行技术要求。

本标准适用于指导钢铁工业排污单位填报《排污许可证申请表》及网上填报相关申请信息，适用于指导核发机关审核确定钢铁工业排污单位排污许可证许可要求。

（10）《排污许可证申请与核发技术规范 炼焦化学工业》（HJ 854—2017）

适用范围：

本标准规定了炼焦化学工业排污单位排污许可证申请与核发的基本情况填报要求、许可排放限值确定、实际排放量核算、合规判定的方法以及自行监测、环境管理台账与排污许可证执行报告等环境管理要求，提出了炼焦化学工业污染防治可行技术要求。

本标准适用于指导炼焦化学工业排污单位（生产焦炭、半焦产品为主的煤炭加工行业和钢铁等工业企业炼焦分厂）填报《排污许可证申请表》（环水体〔2016〕186 号中附 2）及网上填报相关申请信息。

（11）《排污许可证申请与核发技术规范 石化工业》（HJ 853—2017）

适用范围：

本标准规定了石化工业排污许可证申请与核发的基本情况填报要求、许可排放限值确定、实际排放量核算、合规判定的技术方法以及自行监测、环境管理台账与排污许可证执行报告等环境管理要求，提出了石化工业污染防治可行技术要求。

本标准适用于指导石化工业排污单位填报《排污许可证申请表》及网上填报相关申请信息，适用于指导核发机关审核确定石化工业排污单位排污许可证许可要求。

本标准适用于石化工业排污单位排放大气污染物和水污染物的排污许可管理，包括《石油炼制工业污染物排放标准》（GB 31570—2015）、《石油化学工业污染物排放标准》（GB 31571—2015）和《合成树脂工业污染物排放标准》（GB 31572—2015）中规定的石油炼制、石油化学、合成树脂工业排污单位。

（12）《排污许可证申请与核发技术规范 陶瓷砖瓦工业》（HJ 954—2018）

适用范围：

本标准规定了陶瓷工业、砖瓦工业、防水建筑材料工业、隔热和隔音材料工业和建筑用石加工工业排污单位排污许可证申请与核发的基本情况填报要求、许可排放限值确定、实际排放量核算、合规判定的技术方法以及自行监测、环境管理台账与排污许可证执行报告等环境管理要求，提出了陶瓷砖瓦工业污染防治可行技术要求。

（13）《排污许可证申请与核发技术规范 纺织印染工业》（HJ 861—2017）

适用范围：

本标准规定了纺织印染工业排污许可证申请与核发的基本情况填报要求、许可排放限值确定、实际排放量核算和合规判定的方法，以及自行监测、环境管理台账与排污许可证执行报告等环境管理要求，提出了纺织印染工业污染防治可行技术要求。

本标准适用于指导纺织印染工业排污许可证的申请、核发与监管工作。

本标准适用于指导纺织印染工业排污单位填报《关于印发〈排污许可证管理暂行规定〉的通知》（环水体〔2016〕186 号）中附 2《排污许可证申请表》及在全国排污许可证管理信息平台申报系统填报相关申请信息，适用于指导核发机关审核确定纺织印染工业排污许可证许可要求。

（14）《排污许可证申请与核发技术规范 电池工业》（HJ 967—2018）

适用范围：

本标准规定了电池工业排污许可证申请与核发的基本情况填报要求、许可排放限值确定、实际排放量核算、合规判定的技术方法，以及自行监测、环境管理台账与排污许可证执行报告等环境管理要求，提出了电池工业污染防治可行技术要求。

本标准适用于指导电池工业排污单位填报《排污许可证申请表》及网上填报相关申请信息，同时适用于指导核发环保部门审核确定电池工业排污单位排污许可证要求。

（15）《排污许可证申请与核发技术规范 锅炉》（HJ 953—2018）

适用范围：

本标准规定了锅炉排污单位排污许可证申请与核发的基本情况填报要求、许可排放限值确定、实际排放量核算、合规判定的方法以及自行监测、环境管理台账与排污许可证执行报告等环境管理要求，提出了锅炉污染防治可行技术要求。

本标准适用于执行《锅炉天气污染物排放标准》（GB 13271—2014）的锅炉排污单位填报《排污许可证申请表》及在全国排污许可证管理信息平台填报相关申请信息，适用于指导核发机关审核确定锅炉排污单位排污许可证许可要求。对于执行《火电厂大气污染物排放标准》（GB 13223—2011）的锅炉（单台出力 65 t/h 以上蒸汽仅用于供热且不发电的锅炉），参照火电行业排污许可证申请与核发技术规范执行。

（16）《排污许可证申请与核发技术规范 磷肥、钾肥、复混肥料、有机肥料及微生物肥料工业》（HJ 864.2—2018）

（17）《排污许可证申请与核发技术规范 农副食品加工工业—淀粉工业》（HJ 860.2—2018）

（18）《排污许可证申请与核发技术规范 农副食品加工工业—屠宰及肉类加工工业》（HJ 860.3—2018）

（19）《排污许可证申请与核发技术规范 农副食品加工工业—制糖工业》（HJ 860.1—2018）

（20）《排污许可证申请与核发技术规范 汽车制造业》（HJ 971—2018）

适用范围：

本标准规定了汽车制造业排污单位排污许可证申请与核发的基本情况填报要求、许可排放限值确定、实际排放量核算和合规判定的方法，以及自行监测、环境管理台账与排污许可证执行报告等环境管理要求，提出了汽车制造业污染防治可行技术要求。

本标准适用于指导汽车制造业排污单位填报《排污许可证申请表》及在全国

排污许可证管理信息平台填报相关申请信息,适用于指导核发机关审核确定汽车制造业排污单位排污许可证许可要求。

（21）排污许可证申请与核发技术规范 水处理（试行）（HJ 978—2018）

适用范围：

本标准规定了水处理排污单位排污许可证申请与核发的基本情况填报要求、许可排放限值确定、实际排放量核算、合规判定方法以及自行监测、环境管理台账与排污许可证执行报告等环境管理要求,提出污染防治可行技术要求。

本标准适用于指导水处理排污单位在全国排污许可证管理信息平台填报相关申请信息,适用于指导核发机关审核确定水处理排污单位排污许可证许可要求。

（22）《排污许可证申请与核发技术规范 人造板工业》（HJ 1032—2019）

（23）《排污许可证申请与核发技术规范 食品制造工业—调味品、发酵制品制造工业》（HJ 1030.2—2019）

（24）排污许可证申请与核发技术规范 制革及毛皮加工工业—毛皮加工工业（HJ 1065—2019）

（25）《排污许可证申请与核发技术规范 生活垃圾焚烧》（HJ 1039—2019）

（26）《排污许可证申请与核发技术规范 食品制造工业—方便食品、食品及饲料添加剂制造工业》（HJ 1030.3—2019）

（27）《排污许可证申请与核发技术规范 食品制造工业—乳制品制造工业》（HJ 1030.1—2019）

（28）《排污许可证申请与核发技术规范 电子工业》（HJ 1031—2019）

适用范围：

本标准规定了电子工业排污单位排污许可证申请与核发的基本情况填报要求、许可排放限值确定、实际排放量核算和合规判定的方法,以及自行监测、环境管理台账与排污许可证执行报告等环境管理要求,提出了电子工业排污单位污染防治可行技术要求。

本标准适用于指导电子工业排污单位在全国排污许可证管理信息平台填报相关申请信息,同时适用于指导排污许可证核发部门审核确定电子工业排污单位排污许可证许可要求。

（29）《排污许可证申请与核发技术规范 废弃资源加工工业》（HJ 1034—2019）

适用范围：

本标准规定了废弃资源加工工业排污单位排污许可证申请与核发的基本情

况申报要求、许可排放限值确定、实际排放量核算、合规判定的方法以及自行监测、环境管理台账与排污许可证执行报告等环境管理要求,提出了废弃资源加工工业排污单位污染防治可行技术要求。

本标准适用于指导废弃资源加工工业排污单位在全国排污许可证管理信息平台填报相关申请信息,适用于指导核发机关审核确定废弃资源加工工业排污单位排污许可证许可要求。

本标准适用于废弃资源加工工业排污单位排放的大气污染物、水污染物的排污许可管理。再生铜、再生铝、再生铅(包含废铅蓄电池)、再生锌排污单位产污设施或排放口,适用于《排污许可证申请与核发技术规范 有色金属工业——再生金属》(HJ 863.4—2018);废纸加工工业排污单位产污设施或排放口,适用于《造纸行业排污许可证申请与核发技术规范》;废弃资源加工制造建筑材料排污单位产污设施或排放口,适用于《排污许可证申请与核发技术规范 陶瓷砖瓦工业》(HJ 954—2018)、《排污许可证申请与核发技术规范 水泥工业》(HJ 847—2017)。本标准不适用于固体废物和危险废物处置设施排放的大气污染物、水污染物的排污许可管理。

(30)《排污许可证申请与核发技术规范 工业固体废物和危险废物治理》(HJ 1033—2019)

适用范围:

本标准规定了工业固体废物和危险废物治理排污单位排污许可证申请与核发的基本情况填报要求、许可排放限值确定、实际排放量核算、合规判定的方法以及自行监测、环境管理台账与排污许可证执行报告等环境管理要求,提出了污染防治可行技术要求。

本标准适用于指导工业固体废物和危险废物治理排污单位在全国排污许可证管理信息平台填报相关申请信息,适用于指导核发机关审核确定工业固体废物和危险废物治理排污单位排污许可证许可要求。

本标准适用于工业固体废物和危险废物治理排污单位排放的大气污染物、水污染物以及产生的固体废物的排污许可管理。从工业固体废物和危险废物中提炼金属的排污单位,属于黑色金属冶炼和压延加工业或有色金属冶炼和压延加工业,不适用于本标准。

工业固体废物和危险废物治理排污单位中,执行《危险废物焚烧污染控制标准》(GB 18484—2020)的焚烧处置设施或排放口,适用于《排污许可证申请与核发技术规范 危险废物焚烧》(HJ 1038—2019);执行《水泥窑协同处置固体废物污染控制标准》(GB 30485—2013)的生产设施或排放口,适用于《排污许可证申

请与核发技术规范 水泥工业》（HJ 847—2017）；执行《生活垃圾焚烧污染控制标准》（GB 18485—2014）的一般工业固体废物焚烧处置设施或排放口，适用于《排污许可证申请与核发技术规范 生活垃圾焚烧》（HJ 1039—2019）；执行《无机化学工业污染物排放标准》（GB 31573—2015）及其他无机化学工业专项排放标准的生产设施或排放口，适用于《排污许可证申请与核发技术规范 无机化学工业》（HJ 1035—2019）；执行《合成树脂工业污染物排放标准》（GB 31572—2015）的生产设施或排放口，适用于《排污许可证申请与核发技术规范 石化工业》（HJ 853—2017）；执行《锅炉大气污染物排放标准》（GB 13271—2014）的生产设施或排放口，适用于《排污许可证申请与核发技术规范 锅炉》（HJ 953—2018）；废矿物油加工适用于《排污许可证申请与核发技术规范 废弃资源加工工业》（HJ 1034—2019）。

(31)《排污许可证申请与核发技术规范 危险废物焚烧》（HJ 1038—2019）

适用范围：

本标准规定了危险废物焚烧排污单位排污许可证申请与核发的基本情况填报要求、许可排放限值确定、实际排放量核算和合规判定的方法，以及自行监测、环境管理台账与排污许可证执行报告等环境管理要求，提出了污染防治可行技术要求。本标准适用于指导危险废物焚烧排污单位在全国排污许可证管理信息平台填报相关申请信息，适用于指导核发机关审核确定排污单位排污许可证许可要求。

本标准适用于危险废物（含医疗废物）焚烧排污单位排放大气污染物、水污染物的排污许可管理。

(32)《排污许可证申请与核发技术规范 无机化学工业》（HJ 1035—2019）

适用范围：

本标准规定了无机化学工业排污单位排污许可证申请与核发的基本情况申报要求、许可排放限值确定、实际排放量核算、合规判定的方法以及自行监测、环境管理台账与排污许可证执行报告等环境管理要求，提出了无机化学工业污染防治可行技术要求。

本标准适用于指导无机化学工业排污单位填报《排污许可证申请表》及在全国排污许可证管理信息平台申报系统中填报相关申请信息，同时适用于指导核发机关审核确定无机化学工业排污许可证许可要求。

本标准适用于无机化学工业排污单位排放的大气污染物、水污染物的排污许可管理，具体包括《国民经济行业分类》（GB/T 4754—2017）中无机酸制造 2611、无机碱制造 2612、无机盐制造 2613 及其他基础化学原料制造 2619

中无机化学工业产品制造。以上述物质作为副产品的其他化工生产排污单位排放的大气污染物、水污染物的排污许可管理不适用于本标准,执行相应行业的排污许可证申请与核发技术规范;生产生物氢气、一般气体(电解制氢气除外)、稀有气体、液态空气及压缩空气等无机化学工业排污单位排放的大气污染物、水污染物的排污许可管理参照《排污许可证申请与核发技术规范 总则》(HJ 942—2018)执行。

(33)《排污许可证申请与核发技术规范 酒、饮料制造工业》(HJ 1028—2019)

(34)《排污许可证申请与核发技术规范 畜禽养殖行业》(HJ 1029—2019)

(35)《排污许可证申请与核发技术规范 印刷工业》(HJ 1066—2019)

(36)《排污许可证申请与核发技术规范 制药工业—生物药品制品制造》(HJ 1062—2019)

(37)《排污许可证申请与核发技术规范 制药工业—中成药生产》(HJ 1064—2019)

(38)《排污许可证申请与核发技术规范 制药工业—化学药品制剂制造》(HJ 1063—2019)

适用范围:

本标准规定了制药工业—化学药品制剂制造排污单位排污许可证申请与核发的基本情况填报要求、许可排放限值确定、实际排放量核算和合规判定的方法,以及自行监测、环境管理台账与排污许可证执行报告等环境管理要求,提出了污染防治可行技术要求。

本标准适用于指导制药工业—化学药品制剂制造排污单位在全国排污许可证管理信息平台填报相关申请信息,适用于指导核发机关审核确定排污单位排污许可证许可要求。

(39)《排污许可证申请与核发技术规范 石墨及其他非金属矿物制品制造》(HJ 1119—2020)

(40)《排污许可证申请与核发技术规范 水处理通用工序》(HJ 1120—2020)

适用范围:

本标准规定了采矿类、生产类、服务类排污单位水处理设施排放污染物的排污许可证申请与核发的基本情况填报要求、许可排放限值确定、实际排放量核算、合规判定的一般方法以及自行监测、环境管理台账与排污许可证执行报告等环境管理要求,提出了污染防治可行技术要求。

本标准适用于指导采矿类、生产类、服务类排污单位在全国排污许可证管理信息平台填报水处理设施排放污染物的相关申请信息,适用于指导核发机关审核确定排污单位排污许可证许可要求。

(41)《排污许可证申请与核发技术规范 铁合金、电解锰工业》(HJ 1117—2020)

(42)《排污许可证申请与核发技术规范 日用化学产品制造工业》(HJ 1104—2020)

(43)《排污许可证申请与核发技术规范 储油库、加油站》(HJ 1118—2020)

(44)《排污许可证申请与核发技术规范 工业炉窑》(HJ 1121—2020)

适用范围:

本标准规定了工业炉窑排污单位排污许可证申请与核发的基本情况填报要求、许可排放限值确定、实际排放量核算、合规判定方法以及自行监测、环境管理台账与排污许可证执行报告等环境管理要求,提出了污染防治可行技术参考要求。

本标准适用于指导工业炉窑排污单位在全国排污许可证管理信息平台填报与工业炉窑相关的申请信息,适用于指导核发机关审核确定工业炉窑排污单位排污许可证相应许可要求。本标准适用于工业炉窑排污单位排放与工业炉窑相关的大气污染物、水污染物的排污许可管理。

工业炉窑指在工业生产中利用燃料燃烧或电能转换产生的热量,将物料或工件在其中进行冶炼、焙烧、熔化、加热等的热工设备。

(45)《排污许可证申请与核发技术规范 稀有稀土金属冶炼》(HJ 1125—2020)

(46)《排污许可证申请与核发技术规范 工业固体废物(试行)》(HJ 1200—2021)

适用范围:

本标准规定了产生工业固体废物的排污单位工业固体废物相关基本情况填报要求、污染防控技术要求、环境管理台账及排污许可证执行报告编制要求、合规判定方法等。

工业固体废物是在工业生产活动中产生的固体废物,不包括生活垃圾、建筑垃圾、农业固体废物、放射性废物、医疗废物。

(47)《排污许可证申请与核发技术规范 化学纤维制造业》(HJ 1102—2020)

(48)《排污许可证申请与核发技术规范 环境卫生管理业》(HJ 1106—

2020)

适用范围:

本标准规定了环境卫生管理业排污单位排污许可证申请与核发的基本情况填报要求、许可排放限值确定、实际排放量核算、合规判定的技术方法以及自行监测、环境管理台账与排污许可证执行报告等环境管理要求,提出了污染防治可行技术及运行管理要求。

本标准适用于指导环境卫生管理业排污单位在全国排污许可证管理信息平台填报相关申请信息,适用于指导核发机关审核确定环境卫生管理业排污单位排污许可证许可要求。

环境卫生管理业排污单位指集中处理生活垃圾(含餐厨废弃物)、生活污水处理污泥、城镇粪便的排污单位,也包括生活垃圾转运站。

(49)《排污许可证申请与核发技术规范 家具制造工业》(HJ 1027—2019)

(50)《排污许可证申请与核发技术规范 金属铸造工业》(HJ 1115—2020)

(51)《排污许可证申请与核发技术规范 码头》(HJ 1107—2020)

(52)《排污许可证申请与核发技术规范 煤炭加工—合成气和液体燃料生产》(HJ 1101—2020)

(53)《排污许可证申请与核发技术规范 农副食品加工工业—水产品加工工业》(HJ 1109—2020)

(54)《排污许可证申请与核发技术规范 农副食品加工工业—饲料加工、植物油加工工业》(HJ 1110—2020)

(55)《排污许可证申请与核发技术规范 铁路、船舶、航空航天和其他运输设备制造业》(HJ 1124—2020)

(56)《排污许可证申请与核发技术规范 涂料、油墨、颜料及类似产品制造业》(HJ 1116—2020)

(57)《排污许可证申请与核发技术规范 橡胶和塑料制品工业》(HJ 1122—2020)

适用范围:

本标准规定了橡胶制品工业排污单位排污许可证申请与核发的基本情况填报要求、许可排放限值确定、实际排放量核算、合规判定方法以及自行监测、环境管理台账及排污许可证执行报告等环境管理要求,提出了橡胶制品工业排污单位污染防治可行技术要求。

本标准适用于指导橡胶制品工业排污单位在全国排污许可证管理信息平台填报相关申请信息,适用于指导排污许可证核发机关审核确定橡胶制品工业排污单位排污许可证许可要求。

本标准适用于执行《橡胶制品工业污染物排放标准》(GB 27632—2011)及轮胎翻新排污单位排放大气污染物、水污染物的排污许可管理。再生橡胶制造排污单位不适用于本标准。橡胶制品工业排污单位中，执行《锅炉大气污染物排放标准》(GB 13271—2014)的生产设施或排放口，适用于《排污许可证申请与核发技术规范 锅炉》(HJ 953—2018)；涉及以废轮胎、废橡胶为主要原料生产硫化橡胶粉、再生橡胶、热裂解油等产品的排污单位，适用于《排污许可证申请与核发技术规范 废弃资源加工工业》(HJ 1034—2019)。

本标准未做规定，但排放工业废气、废水或者国家规定的有毒有害污染物的橡胶制品工业排污单位其他产污设施和排放口，参照《排污许可证申请与核发技术规范 总则》(HJ 942—2018)执行。

(58)《排污许可证申请与核发技术规范 医疗机构》(HJ 1105—2020)

适用范围：

本标准规定了医疗机构排污单位排污许可证申请与核发的基本情况填报要求、许可排放限值确定、实际排放量核算和合规判定的方法，以及自行监测、环境管理台账、排污许可执行报告等环境管理要求，提出了医疗机构排污单位污染防治可行技术要求。

本标准适用于指导医疗机构排污单位在全国排污许可证管理信息平台填报相关申请信息，适用于指导核发机关审核确定医疗机构排污许可证许可事项。

医疗机构排污单位指依法定程序设立的从事疾病诊断、治疗活动的综合医院、中医医院、中西医结合医院、民族医院、专科医院和疗养院等。

(59)《排污许可证申请与核发技术规范 羽毛(绒)加工工业》(HJ 1108—2020)

(60)《排污许可证申请与核发技术规范 制鞋工业》(HJ 1123—2020)

(61)《排污许可证申请与核发技术规范 专用化学产品制造工业》(HJ 1103—2020)

适用范围：

本标准规定了专用化学产品制造工业排污单位排污许可证申请与核发的基本情况填报要求、许可排放限值确定、实际排放量核算、合规判定的技术方法，以及自行监测、环境管理台账与排污许可证执行报告等环境管理要求，提出了专用化学产品制造工业污染防治可行技术要求。

本标准适用于指导专用化学产品制造工业排污单位在全国排污许可证管理信息平台填报相关申请信息，同时适用于指导核发机关审核专用化学产品制造工业排污单位的排污许可证申请及确定许可要求。

本标准适用于专用化学产品制造工业排污单位排放的大气污染物、水污染物的排污许可管理。

专用化学产品制造工业排污单位中,具体包括《国民经济行业分类》(GB/T 4754—2017)专用化学产品制造(266)中化学试剂和助剂制造(2661)、专项化学用品制造(2662)、林产化学产品制造(2663)、文化用信息化学品制造(2664)、医学生产用信息化学品制造(2665)、环境污染处理专用药剂材料制造(2666)、动物胶制造(2667)及其他专用化学产品制造(2669)。以上述物质作为副产品的其他生产排污单位排放的大气污染物、水污染物的排污许可管理执行相应行业的排污许可证申请与核发技术规范。林产化学产品中的以林产品为原料的水解酒精制造、水解木糖醇适用于本标准。化学试剂及催化剂中涉及无机酸、无机碱、无机盐等原料制造适用《排污许可证申请与核发技术规范 无机化学工业》(HJ 1035—2019),调制黏合剂企业中涉及合成树脂生产及改性的生产装置适用《排污许可证申请与核发技术规范 石化工业》(HJ 853—2017),催化剂中陶瓷类载体制造适用《排污许可证申请与核发技术规范 陶瓷砖瓦工业》(HJ 954—2018)。

专用化学产品制造工业排污单位中,执行《火电厂大气污染物排放标准》(GB 13223—2011)的产污设施和排放口,适用于《火电行业排污许可证申请与核发技术规范》;执行《锅炉大气污染物排放标准》(GB 13271—2014)的产污设施或排放口,适用于《排污许可证申请与核发技术规范 锅炉》(HJ 953—2018)。

2.1.3 有色金属工业

(1)《排污许可证申请与核发技术规范 有色金属工业——钴冶炼》(HJ 937—2017)

(2)《排污许可证申请与核发技术规范 有色金属工业——钛冶炼》(HJ 935—2017)

(3)《排污许可证申请与核发技术规范 有色金属工业——锑冶炼》(HJ 938—2017)

(4)《排污许可证申请与核发技术规范 有色金属工业——锡冶炼》(HJ 936—2017)

(5)《排污许可证申请与核发技术规范 有色金属工业——镁冶炼》(HJ 933—2017)

(6)《排污许可证申请与核发技术规范 有色金属工业——汞冶炼》(HJ 931—2017)

(7)《排污许可证申请与核发技术规范 有色金属工业——铝冶炼》(HJ 863.2—2017)

(8)《排污许可证申请与核发技术规范 有色金属工业——镍冶炼》(HJ 934—2017)

(9)《排污许可证申请与核发技术规范 有色金属工业——铅锌冶炼》(HJ 863.1—2017)

(10)《排污许可证申请与核发技术规范 有色金属工业——铜冶炼》(HJ 863.3—2017)

(11)《排污许可证申请与核发技术规范 有色金属工业——再生金属》(HJ 863.4—2018)

2.1.4　其他

(1)《排污单位环境管理台账及排污许可证执行报告技术规范 总则》(试行)(HJ 944—2018)

(2)《排污许可证申请与核发技术规范 工业固体废物(试行)》(HJ 1200—2021)

(3)《排污许可证申请与核发技术规范 工业噪声》(HJ 1301—2023)

(4)《排污许可证质量核查技术规范》(HJ 1299—2023)

(5)《排污单位污染物排放口二维码标识技术规范》(HJ 1297—2023)

2.2　自行监测技术指南

(1)《排污单位自行监测技术指南 造纸工业》(HJ 821—2017)

(2)《排污单位自行监测技术指南 总则》(HJ 819—2017)

(3)《排污单位自行监测技术指南 火力发电及锅炉》(HJ 820—2017)

(4)《排污单位自行监测技术指南 水泥工业》(HJ 848—2017)

(5)《排污单位自行监测技术指南 石油炼制工业》(HJ 880—2017)

(6)《排污单位自行监测技术指南 化学合成类制药工业》(HJ 883—2017)

(7)《排污单位自行监测技术指南 提取类制药工业》(HJ 881—2017)

(8)《排污单位自行监测技术指南 发酵类制药工业》(HJ 882—2017)

(9)《排污单位自行监测技术指南 钢铁工业及炼焦化学工业》(HJ 878—2017)

（10）《排污单位自行监测技术指南 纺织印染工业》（HJ 879—2017）

（11）《排污单位自行监测技术指南 化肥工业—氮肥》（HJ 948.1—2018）

（12）《排污单位自行监测技术指南 制革及毛皮加工工业》（HJ 946—2018）

（13）《排污单位自行监测技术指南 石油化学工业》（HJ 947—2018）

（14）《排污单位自行监测技术指南 农副食品加工业》（HJ 986—2018）

（15）《排污单位自行监测技术指南 平板玻璃工业》（HJ 988—2018）

（16）《排污单位自行监测技术指南 有色金属工业》（HJ 989—2018）

（17）《排污单位自行监测技术指南 农药制造工业》（HJ 987—2018）

（18）《排污单位自行监测技术指南 电镀工业》（HJ 985—2018）

（19）《排污单位自行监测技术指南 涂料油墨制造》（HJ 1087—2020）

（20）《排污单位自行监测技术指南 涂装》（HJ 1086—2020）

（21）《排污单位自行监测技术指南 酒、饮料制造》（HJ 1085—2020）

（22）《排污单位自行监测技术指南 磷肥、钾肥、复混肥料、有机肥料和微生物肥料》（HJ 1088—2020）

（23）《排污单位自行监测技术指南 水处理》（HJ 1083—2020）

（24）《排污单位自行监测技术指南 食品制造》（HJ 1084—2020）

（25）《排污单位自行监测技术指南 化学纤维制造业》（HJ 1139—2020）

（26）《排污单位自行监测技术指南 无机化学工业》（HJ 1138—2020）

（27）《工业企业土壤和地下水自行监测技术指南（试行）》（HJ 1209—2021）

（28）《排污单位自行监测技术指南 有色金属工业—再生金属》（HJ 1208—2021）

（29）《排污单位自行监测技术指南 固体废物焚烧》（HJ 1205—2021）

（30）《排污单位自行监测技术指南 橡胶和塑料制品》（HJ 1207—2021）

（31）《排污单位自行监测技术指南 电池工业》（HJ 1204—2021）

（32）《排污单位自行监测技术指南 人造板工业》（HJ 1206—2021）

（33）《排污单位自行监测技术指南 畜禽养殖行业》（HJ 1252—2022）

（34）《排污单位自行监测技术指南 电子工业》（HJ 1253—2022）

（35）《排污单位自行监测技术指南 稀有稀土金属冶炼》（HJ 1244—2022）

（36）《排污单位自行监测技术指南 陆上石油天然气开采工业》（HJ 1248—2022）

（37）《排污单位自行监测技术指南 金属铸造工业》（HJ 1251—2022）

（38）《排污单位自行监测技术指南 储油库、加油站》（HJ 1249—2022）

（39）《排污单位自行监测技术指南 砖瓦工业》（HJ 1254—2022）

（40）《排污单位自行监测技术指南 中药、生物药品制品、化学药品制剂制造业》（HJ 1256—2022）

（41）《排污单位自行监测技术指南 陶瓷工业》（HJ 1255—2022）

（42）《排污单位自行监测技术指南 印刷工业》（HJ 1246—2022）

（43）《排污单位自行监测技术指南 煤炭加工—合成气和液体燃料生产》（HJ 1247—2022）

（44）《排污单位自行监测技术指南 工业固体废物和危险废物治理》（HJ 1250—2022）

（45）《排污单位自行监测技术指南 聚氯乙烯工业》（HJ 1245—2022）

第 3 章

排污许可申报实践流程

3.1　全国排污许可证管理信息平台介绍

3.1.1　平台的立项和建设

2016 年 11 月 10 日,国务院办公厅发布了《控制污染物排放许可制实施方案》,要求 2017 年建成全国排污许可证管理信息平台,将排污许可证申领、核发、监管执法等工作流程及信息纳入平台,各地现有的排污许可证管理信息平台逐步接入。通过排污许可证管理信息平台统一收集、存储、管理排污许可证信息,实现各级联网、数据集成、信息共享,形成的实际排放数据作为环境保护部(现改名为生态环境部,以下称为生态环境部)各项固定污染源环境管理的数据来源。

随后,2016 年 12 月 23 日,生态环境部发布了《排污许可证管理暂行规定》,进一步规范排污许可证管理。其强调生态环境部负责建设、运行、维护、管理国家排污许可证管理信息平台,在统一社会信用代码的基础上,通过国家排污许可证管理信息平台对全国的排污许可证实行统一编码,排污许可证申请、受理、审核、发放、变更、延续、注销、撤销、遗失、补办应当在国家排污许可证管理信息平台上进行。排污许可证的执行、监管执法、社会监督等方面的信息应当在国家排污许可证管理信息平台上记录。

3.1.2　全国排污许可证管理信息平台公开端介绍

全国排污许可证管理信息平台公开端(以下简称"全国排污许可证管理信息平台")总共包含 11 个标签内容,分别为:申请前信息公开、许可信息公开、限期整改、登记信息公开、许可注销公告、许可撤销公告、许可遗失声明、重要通知、法规标准、碳排放和网上申报,如图 3-1 所示。

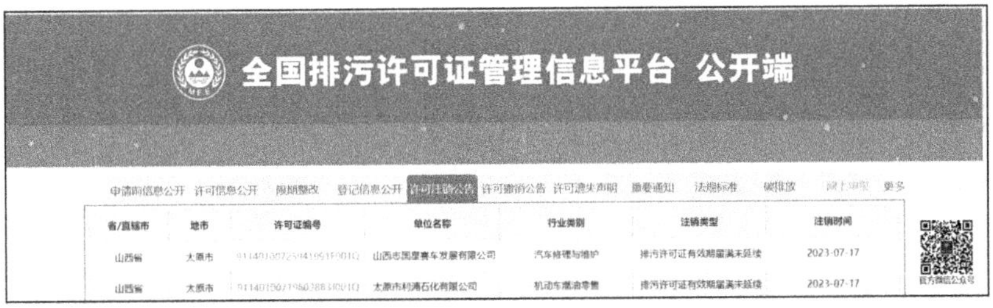

图 3-1　全国排污许可证管理信息平台公开端截图[①]

标签 1:申请前信息公开。重点管理类型的企业需要在申请排污许可证之

---

① 本书第 3 章相关截图全部来自全国排污许可证管理信息平台网站,按网站原文不作改动。

前对申请内容进行公开,公众在"全国排污许可证管理信息平台—申请前信息公开"中可以查询排污单位许可后信息公开内容,包括排污单位排口位置、数量,排放方式,排放去向,排放污染物种类,排放浓度限值,排放量和排放污染物执行标准等信息,并且可以填写反馈意见。排污单位需要在信息公开结束后,根据信息公开的情况如实填写排污许可证申领信息公开情况说明表。

标签2:许可信息公开。排污单位在排污许可证审批通过之后,可以在"许可信息公开"中查询到部分排污许可证信息,包括基本信息、污染物排放信息、自行监测要求、执行(守法)报告要求、信息公开要求、环境管理台账要求、其他许可内容及执行报告文档。

标签3:限期整改。排污单位可以在"限期整改"中查询排污限期整改情况,包括排污限期整改通知书、整改问题、整改措施、整改时限及整改计划。

标签4:登记信息公开。登记管理类型的排污单位提交排污登记信息后,可在"登记信息公开"中查询到登记回执及登记的版本情况。

标签5:许可注销公告。有下列情形之一的,审批部门应当依法办理排污许可证注销手续,并在全国排污许可证管理信息平台上公告:(一)排污许可证有效期届满未延续的;(二)排污单位被依法终止的;(三)排污单位因关闭、搬迁、转让设备设施或拆除生产设备设施等终止排污行为依法申请注销的;(四)因《固定污染源排污许可分类管理名录》调整导致从重点管理或简化管理变为登记管理的;(五)法律法规规定的其他情形。排污单位在依法办理排污许可证的注销手续时,须提交注销情况说明材料,并上交排污许可证正本、副本。通过环境执法部门出具的现场核查意见或市场监督部门的停产证明等材料证明已关闭、搬迁或拆除生产设备设施的排污单位,但无法联系企业法定代表人或主要负责人且企业也并未向审批部门申请注销排污许可证的,审批部门可依法注销其排污许可证。在"许可注销公告"中,公众可以查询到已经注销排污许可证的排污单位,包括行业类别、注销原因及时间。

标签6:许可撤销公告。有下列情形之一的,审批部门或者其上级行政机关可以撤销排污许可证,并在全国排污许可证管理信息平台上公告:(一)超越法定职权审批排污许可证的;(二)违反法定程序审批排污许可证的;(三)审批部门工作人员滥用职权、玩忽职守审批排污许可证的;(四)对不具备申请资格或者不符合法定条件的排污单位审批排污许可证的;(五)排污单位以欺骗、贿赂等不正当手段申请取得排污许可证的;(六)排污许可证存在重大质量问题的;(七)依法可以撤销排污许可证的其他情形。在"许可撤销公告"中,公众可以查询到已经撤销排污许可证的排污单位,包括行业类别、撤销原因及时间。

标签 7：许可遗失声明。排污许可证发生遗失的，排污单位应当在 30 日内向审批部门申请补领排污许可证，在申请补领前排污单位应当在全国排污许可证管理信息平台上发布遗失声明。公众可在"许可遗失声明"中查询到遗失排污许可证的排污单位名称、遗失原因以及遗失时间。

标签 8：重要通知。该标签主要是用于发布关于平台内容更新的通知。

标签 9：法规标准。该标签包括排污许可相关法律法规、许可技术规范、实施行业排放标准、行业可行技术指南、行业自行监测指南及许可监管要求。

标签 10：碳排放。该标签可查询到重点排放单位碳排放信息公开内容。

标签 11：网上申报。排污单位可在注册后登录排污许可证申报页面，其中包括环境影响评价（正在试用阶段）、许可证业务、许可证执行记录及碳排放情况（内部测试阶段）。许可证业务、许可证执行记录将在下面章节中做具体阐述。

3.2　申请前准备

3.2.1　材料收集

（1）统一社会信用代码证或组织机构代码证的原件或复印件、全部环评文件及批复、地方政府对违规项目的认定或备案文件（如有）、主要污染物总量分配计划文件（如有）。

（2）全厂生产设施清单及参数情况、设计产品产能信息（可从设计文件或环评文件中获取）。

（3）全厂设计原辅材料、燃料信息，包括种类、成分、含量、燃料热值及用量等。

（4）有组织和无组织废气处理工艺、排放的污染物和执行标准，以及大气有组织排放口高度和内径。

（5）申请废气主要排放口的年许可排放量、特殊时段许可排放量（如有）计算过程。

（6）申请废水主要排放口的年许可排放量计算过程。

（7）废水处理工艺、排放的污染物和执行标准，以及受纳水体/污水处理厂信息。

（8）自行监测方案和环境管理台账记录要求。

（9）需要改正措施的内容。

（10）附件附图：守法承诺书、排污许可证申领信息公开情况说明表（简化管理的不需要）、达标证明材料（如污染源监测报告）、工艺流程图、监测点示意图、厂区平面布置图、雨污水管网图等。

（11）所参考的行业排污许可证申请与核发技术规范和排污单位自行监测技术指南。

3.2.2　管理类别判断

国家根据排放污染物的企业事业单位和其他生产经营者（以下简称排污单位）污染物产生量、排放量，对环境的影响程度等因素，实行排污许可重点管理、简化管理和登记管理。

对污染物产生量、排放量或者对环境的影响程度较大的排污单位，实行排污许可重点管理；对污染物产生量、排放量或者对环境的影响程度较小的排污单位，实行排污许可简化管理；对污染物产生量、排放量或者对环境的影响程度很小的排污单位，实行排污许可登记管理。未纳入《固定污染源排污许可分类管理名录》的排污单位，不按照排污许可制规定进行管理。

实行排污许可重点管理、简化管理或者登记管理的排污单位的具体范围，依照《固定污染源排污许可分类管理名录》的规定执行，目前是生态环境部 2019 年 12 月发布的 2019 年版。

《固定污染源排污许可分类管理名录》依据《国民经济行业分类》（GB/T 4754—2017）划分行业类别。进行行业判定时，以排污单位当前生产工艺为准，如环评文件较为陈旧，则应重新梳理判定行业，避免简单照搬环评文件中的行业类别。

排污单位应综合考虑本单位的原料使用、生产工艺、产品类别、环评行业分类等情况，对照《国民经济行业分类》（GB/T 4754—2017）和《国民经济行业分类注释》等文件，确定排污单位行业类别，再根据行业类别确定管理类别（重点管理、简化管理或者登记管理）。

行业、等级判定属于系统申报之初的重要判定事项，具体解读及名录类别判定见 1.4.1.5 节。

3.3　排污许可证申报

3.3.1　办理流程

排污单位根据《固定污染源排污许可分类管理名录》判断管理类别后，须在平台注册账号并填报相关内容，具体流程见图 3-2。

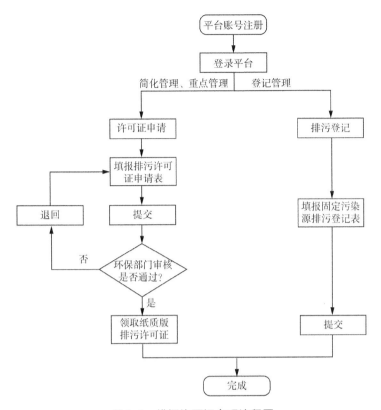

图 3-2　排污许可证办理流程图

3.3.2　账号注册

纳入《固定污染源排污许可分类管理名录》的排污单位,无论是重点管理、简化管理还是登记管理,都要在全国排污许可证管理信息平台完成注册。具体操作如下:

1. 登录全国排污许可证管理信息平台,选择"网上申报",如图 3-3 所示,可进入账号注册界面,点击"注册"按钮开始注册账号,如图 3-4 所示。

图 3-3　网上申报界面截图

图 3-4　注册账号界面截图

2. 根据注册列表要求填报各项内容，填写完成后单击"立即注册"按钮，如图 3-5 所示，即完成注册。

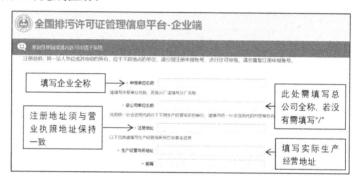

（a）

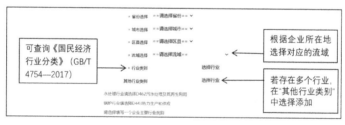

（b）

（c）

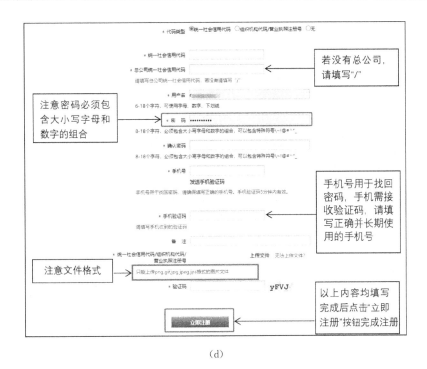

（d）

图 3-5　企业基础信息填报截图

3.3.3　登记管理填报要求

纳入《固定污染源排污许可分类管理名录》登记管理的排污单位,需在全国排污许可证管理信息平台上进行登记申报,具体操作如下:

1. 登录全国排污许可证管理信息平台,进入企业端,选择"排污登记"模块,如图 3-6 所示,再依次点击"排污登记"、"申请登记"按钮进行填报,如图 3-7 所示。

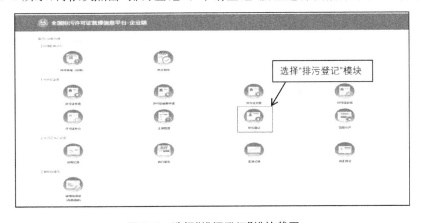

图 3-6　选择"排污登记"模块截图

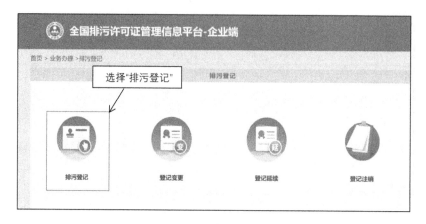

(a)

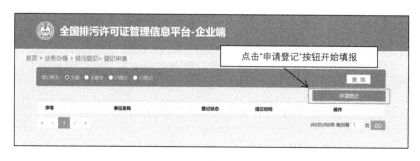

(b)

图 3-7　选择"排污登记"与点击"申请登记"按钮截图

2. 排污单位依据《固定污染源排污登记工作指南(试行)》、环评报告书和企业实际生产情况填报固定污染源排污登记表,包含排污单位信息、主要产品信息、燃料使用信息、涉 VOCs 辅料使用信息表、废气排放信息、废水排放信息以及工业固体废物排放信息,填报相关信息。全部填写完成后点击"提交"按钮,系统会即时自动生成登记回执,完成排污登记工作。

(1) 排污单位信息:包含单位名称、注册地址、生产经营场所地址、行业类别、生产经营场所中心经纬度、统一社会信用代码、法人以及联系方式等。在单位名称栏应填写详细,名称与企业(单位)盖章所使用的名称一致。二级单位须同时用括号注明名称。注册地址需与营业执照上的地址一致,在生产经营场所地址栏需填写排污单位的实际生产经营地址,尽量精确到门牌号。在行业类别栏填写企业的主营业务行业类别,按照 2017 年《国民经济行业分类》(GB/T 4754—2017)填报,尽量细化到四级行业类别,如"A0311 牛的饲养"。如果企业涉及多个行业,可在其他行业类别补充添加。生产经营场所中心经纬度可直接输入经纬度定位确定,也可在地图中选择排污单位所在位置,如图3-8所示。

根据《固定污染源排污许可分类管理名录》,需要申领排污许可证但长期停产的排污单位,选择"是",反之选"否"

图3-8 登记管理排污单位信息填报截图

(2)主要产品信息:根据排污单位的环评和实际生产情况,填报生产工艺、产品名称以及产品产能等,如图3-9所示。若是非生产类单位,可以不填主要产品信息表。

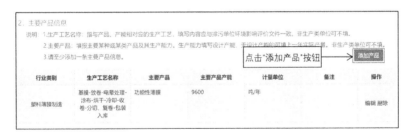

图3-9 登记管理主要产品信息填报截图

(3)燃料使用信息:使用固体和液体燃料10吨/年以上、气体燃料1万立方米/年以上的排污单位需要填写燃料使用信息表,固体燃料包含原煤、无烟煤、炼焦烟煤、一般烟煤、褐煤、洗精煤(用于炼焦)、煤制品、焦炭、煤矸石(用于燃料)、工业废料(用于燃料)等,液体燃料包含原油、汽油、煤油、柴油、燃料油、石脑油等,气体燃料包含焦炉煤气、高炉煤气、转炉煤气、发生炉煤气、天然气、液化天然气、煤层气、液化石油气、炼厂干气等。排污单位点击"添加燃料"按钮,依次填写燃料类别、燃料名称、使用量、计量单位,如图3-10所示。

图 3-10 登记管理燃料使用信息填报截图

(4) 涉 VOCs 辅料使用信息表:使用涂料、漆、油墨、有机溶剂等涉 VOCs 辅料 1 吨/年以上的排污单位需要填写此表。排污单位点击"添加辅料"按钮,选择辅料类别,填写辅料名称、使用量和计量单位,如图 3-11 所示。

图 3-11 登记管理涉 VOCs 辅料使用信息表填报截图

(5) 废气排放信息:废气排放信息分为两个表格填写,在第一个表格中填写废气污染治理设施,有组织废气污染防治设施包括除尘器、脱硫设施、脱硝设施以及挥发性有机物(VOCs)治理设施等,无组织废气污染防治设施包括分散式除尘器、移动式焊烟净化器等。有废气污染治理设施的排污单位点击"添加废气治理设施"按钮,依次填写废气排放形式、废气污染治理设施、治理工艺以及治理设施的数量。在第二个表格中填写有组织废气排放口的信息,废气均为无组织排放的排污单位不需要填写此表。如图 3-12 所示,点击"添加废气排口"按钮,依次填写废气排放口名称和该排口执行的废气排放标准,排放同类污染物、执行相同排放标准的排放口可以合并填报,注明数量即可。排口名称应根据产污工段编写。填写了燃料使用信息的排污单位,需至少填写一条废气排放信息。

(6) 废水排放信息:废气排放信息分为两个表格填写,如图 3-13 所示,在第一个表格中填写废水污染治理设施,如综合污水处理站和生活污水处理系统,点击"添加废水治理设施"按钮,填写废水污染治理设施、治理工艺和治理设施的数量。在第二个表格中填写废水排放口名称、废水执行标准以及废水排放去向。废水排放去向指废水出厂界后的排放去向。不外排包括全部在工序内部循环使

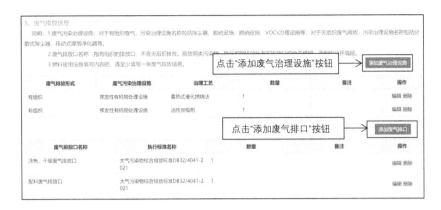

图 3-12　登记管理废气排放信息填报截图

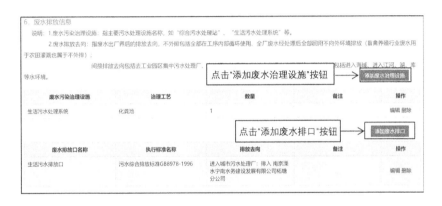

图 3-13　登记管理废水排放信息填报截图

用、全厂废水经处理后全部回用不向外环境排放(畜禽养殖行业废水用于农田灌溉也属于不外排);间接排放去向包括去工业园区集中污水处理厂、市政污水处理厂、其他企业污水处理厂等;直接排放包括进入海域,进入江河、湖、库等水环境。

(7)工业固体废物排放信息:工业固体废物包含一般固体废物和危险废物。点击"添加固体废物"按钮,填写工业固体废物名称,根据《危险废物鉴别标准》判定是否属于危险废物,并填写固体废物去向,如图 3-14 所示。去向分为贮存、处置、利用,排污单位应根据实际情况填写。

图 3-14　登记管理工业固体废物排放信息截图

（8）其他需要说明的信息：若有其他需要备注说明的信息，可填写此表，否则不需要填写。

（9）提交信息：以上信息均填写完成后，点击"提交"按钮，完成排污登记申报。排污单位可自行下载固定污染源排污登记表和登记回执，如图 3-15 所示。

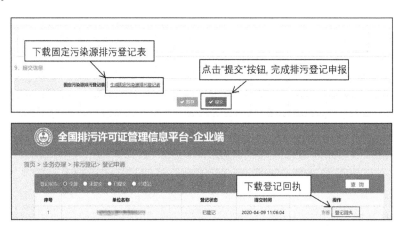

图 3-15　排污登记完成申报截图

3.3.4　简化管理、重点管理填报要求

登录全国排污许可证管理信息平台，选择"网上申报"，登录账号，进行排污许可证申请与填报工作。首次申请简化管理或重点管理的排污单位，应在"许可证申请"模块选择"首次申请"，填报申请资料，如图 3-16 所示。

（a）

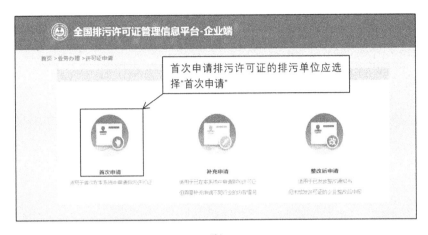

（b）

（c）

图 3-16　全国排污许可证管理信息平台排污许可证首次申请界面截图

企业在阅读填报指南后点击"已阅读填报指南"按钮开始填报，如图 3-17 所示。

图 3-17　阅读填报指南界面截图

申请填报按照行业类别,填报相关页签,主要包括以下页签:

(1) 排污单位基本情况;

(2) 简化管理的气体燃料锅炉排污单位登记信息;

(3) 排污单位登记信息—主要产品及产能;

(4) 排污单位登记信息—主要产品及产能补充;

(5) 排污单位登记信息—主要原辅材料及燃料;

(6) 排污单位登记信息—排污节点及污染治理措施;

(7) 大气污染物排放信息—排放口;

(8) 大气污染物排放信息—有组织排放信息;

(9) 大气污染物排放信息—无组织排放信息;

(10) 大气污染物排放信息—企业大气排放总许可量;

(11) 水污染物排放信息—排放口;

(12) 水污染物排放信息—申请排放信息;

(13) 固体废物管理信息;

(14) 工业噪声排放信息;

(15) 环境管理要求—自行监测要求;

(16) 环境管理要求—环境管理台账记录要求;

(17) 补充登记信息;

(18) 地方生态环境主管部门依法增加的内容;

(19) 相关附件;

(20) 提交申请。

排污单位根据填报页面左侧导航,对照排污许可证申请与核发技术规范、排污单位自行监测技术指南、环评报告和企业实际情况一步一步填写许可证申请信息,一个页面填写完成后,点击页面下方的"下一步"按钮,填报下一页的内容,也可以点击"暂存"按钮,保存当前填报信息。全部填写完成后点击"提交"按钮。重点管理排放单位须发布许可申请前信息公开内容。

(1) 排污单位基本情况

排污单位根据表格要求填写基础信息。以下内容需注意。

是否需改正:需对照《关于固定污染源排污限期整改有关事项的通知》的要求,符合"不能达标排放""手续不全""其他"情形的,应勾选"是",确实不存在三种整改情形的,应勾选"否"。

排污许可证管理类别:需对照《固定污染源排污许可分类管理名录》,属于排污许可重点管理的,应选择"重点",简化管理的选择"简化"。如企业行业类别为

"汽车零部件及配件制造",年使用溶剂型涂料 10 吨以上,纳入重点排污单位名录的,为重点管理,未纳入重点排污单位名录的,为简化管理。

其他行业类别:若是选择"锅炉",需进一步判断是否属于单台出力 10 吨/小时(7 兆瓦)以下且合计出力 20 吨/小时(14 兆瓦)以下的气体燃料锅炉排污单位。

是否投产:2015 年 1 月 1 日起,正在建设过程中,或已建成但尚未投产的,选"否";已经建成投产并产生排污行为的,选"是"。"投产日期"指已投运的排污单位正式投产运行的时间,对于分期投运的排污单位,以先期投运时间为准。

生产经营场所中心经度、生产经营场所中心纬度:可直接在地图中拾取位置,也可输入经纬度确定位置。

以上内容填报见图 3-18。

图 3-18 排污单位基本情况部分填报截图

所在地是否属于大气重点控制区:通过点击"重点控制区域"按钮查看范围确定。

所在地是否属于总磷控制区、所在地是否属于总氮控制区：指《国务院关于印发"十三五"生态环境保护规划的通知》（国发〔2016〕65号）以及生态环境部相关文件中确定的需要对总磷、总氮进行总量控制的区域。

以上内容填报见图 3-19。

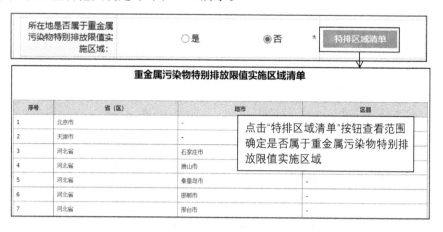

图 3-19　大气重点控制区与总磷、总氮控制区填报截图

所在地是否属于重金属污染物特别排放限值实施区域：通过点击"特排区域清单"按钮查看范围确定，如图 3-20 所示。

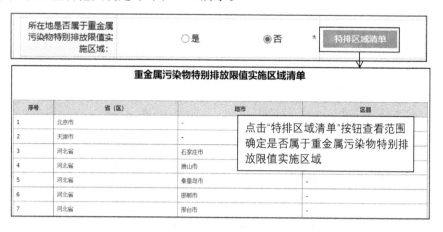

图 3-20　重金属污染物特别排放限值实施区域填报截图

是否位于工业园区：工业园区是指各级人民政府设立的工业园区、工业集聚区等。"所属工业园区名称"根据《中国开发区审核公告目录》填报，不包含在目录内的，可选择"其他"手动填写名称。"所属工业园区编码"根据《中国开发区审核公告目录》填报，没有编码的可不填，如图 3-21 所示。

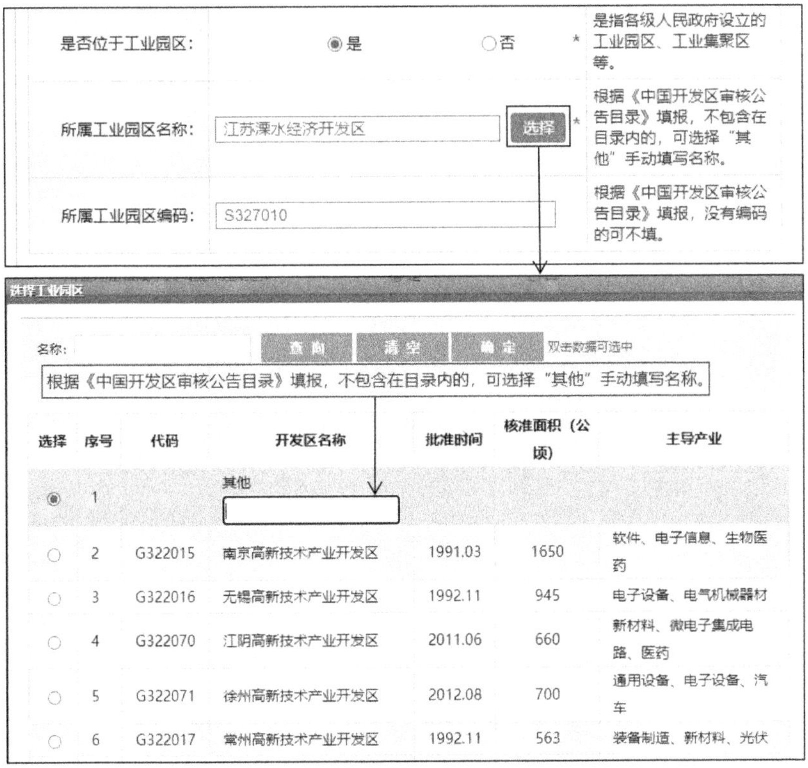

图 3-21　所属工业园区填报截图

环境影响评价审批文件文号或备案编号：指环境影响评价报告书、报告表的审批文件号，或者是环境影响评价登记表的备案编号。对于法律法规要求建设项目开展环境影响评价［1998 年 11 月 29 日《建设项目环境保护管理条例》（国务院令第 253 号）］之前已经建成且之后未实施改、扩建的排污单位，可不要求。

是否有地方政府对违规项目的认定或备案文件：对于按照《国务院关于化解产能严重过剩矛盾的指导意见》（国发〔2013〕41 号）和《国务院办公厅关于加强环境监管执法的通知》（国办发〔2014〕56 号）要求，经地方政府依法处理、整顿规范并符合要求的项目，须列出证明符合要求的相关文件名和文号。

是否有主要污染物总量分配计划文件：对于有主要污染物总量控制指标计划的排污单位，须列出相关文件文号（或其他能够证明排污单位污染物排放总量控制指标的文件和法律文书），并列出上一年主要污染物总量指标。总量控制指标包括地方政府或生态环境主管部门发文确定的排污单位总量控制指标、环境影响评价审批意见中的总量控制指标、现有排污许可证中载明的总量控制指标、通过排污权有偿使用和交易确定的总量控制指标等地方政府或生态环境主管部门与排污许可申领排污单位以一定形式确认的总量控制指标。

大气、水污染物控制指标：默认指标无须填写，系统默认大气污染物控制指标为二氧化硫、氮氧化物、颗粒物和挥发性有机物，默认水污染物控制指标为化学需氧量、氨氮，对于位于总磷或总氮控制区的重点管理排污单位，还应选择总磷或总氮作为水污染物控制指标。

以上内容填报见图 3-22。

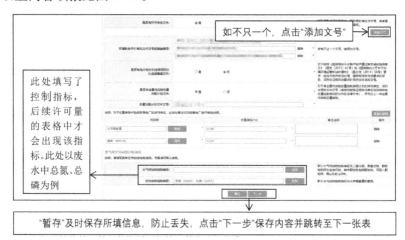

图 3-22　废气废水污染物控制指标填报截图

（2）简化管理的气体燃料锅炉排污单位登记信息

排污单位若有"单台出力 10 吨/小时（7 兆瓦）以下且合计出力 20 吨/小时（14 兆瓦）以下的气体燃料锅炉"，需要填写简化管理的气体燃料锅炉信息，反之不需要填写此表。

锅炉设备及燃料信息：点击"添加"按钮，填写锅炉设备编号、容量、容量单位和年运行时间，再点击"添加燃料"按钮，依次填写燃料种类、年燃料使用量、硫分、硫分单位以及低位发热量。生产用锅炉的设计年生产时间应≤8 760 小时，供暖用锅炉的设计年生产时间应结合当地供暖时长审核，一般不超过 7 个月，即5 040 小时。年燃料使用量是指锅炉前三年年平均燃料使用量，未投运或投运不满一年的锅炉按照设计年燃料使用量进行选取，投运满一年但未满三年的锅炉按运行周期年平均燃料使用量选取，当前三年或周期年年平均燃料使用量超过设计年燃料使用量时，按设计年燃料使用量选取。燃料信息可根据燃料分析报告填写。锅炉编号请填写企业内部编号，若无内部编号可按照《固定污染源(水、大气)编码规则(试行)》中的生产设施编号规则编写,如 MF0021,锅炉编号不能重复,如图 3-23 所示。

产品及污染排放信息:锅炉产品主要包括蒸汽、热水、有机热载体等,如图 3-24 所示,其中蒸汽的计量单位为吨/小时(t/h),热水和有机热载体的单位为兆瓦(MW)。

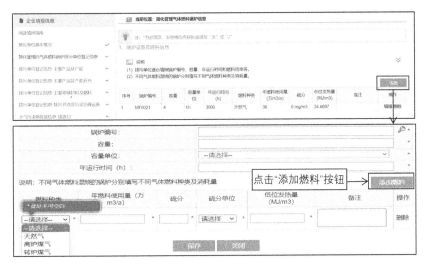

图 3-23 锅炉设备及燃料信息填报截图

图 3-24 产品及污染排放信息填报截图

废气排放口信息:点击"添加废气排放口"按钮,依次填写废气排放口编号、废气排放口名称、污染物项目、污染物排放执行标准名称以及对应的浓度限值,如图 3-25 所示。燃气锅炉排口的污染物主要为氮氧化物、林格曼黑度、二氧化硫、颗粒物。根据《锅炉大气污染物排放标准》(DB 32/4385—2022)确定废气许可排放浓度限值,地方有更严格的排放标准要求的,按照地方排放标准从严确定。

图 3-25 废气排放口信息填报截图

废水排放口信息：若有锅炉废水排放，点击“添加废水排放口”按钮，根据环评报告、《排污许可证申请与核发技术规范 锅炉》（HJ 953—2018）填写污染物项目，若与主行业废水合并排放，标准名称和浓度限值依据主行业确定，如图 3-26 所示。

4、废水排放口信息

添加废水排放口

废水排放口编号	废水排放口名称	污染物项目	污染物排放执行 标准名称	浓度限值（mg/L）	操作
DW001	废水总排口	pH值	污水综合排放标准GB8978-1996	6-9	编辑 删除
		化学需氧量		500	
		悬浮物		400	

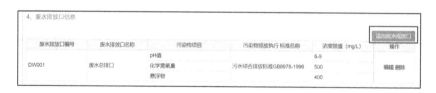

图 3-26　废水排放口信息填报截图

自行监测要求信息：根据《排污单位自行监测技术指南 火力发电及锅炉》（HJ 820—2017）填写废气、废水污染物监测频次，如图 3-27 所示。

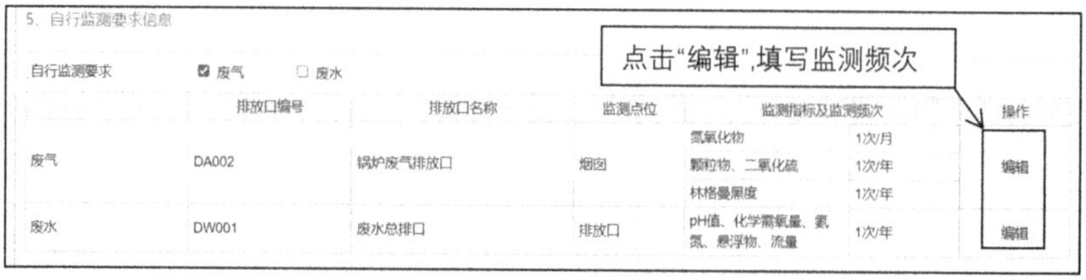

5、自行监测要求信息

点击“编辑”，填写监测频次

自行监测要求　☑ 废气　☐ 废水

	排放口编号	排放口名称	监测点位	监测指标及监测频次		操作
废气	DA002	锅炉废气排放口	烟囱	氮氧化物	1次/月	编辑
				颗粒物、二氧化硫	1次/年	
				林格曼黑度	1次/年	
废水	DW001	废水总排口	排放口	pH值、化学需氧量、氨氮、悬浮物、流量	1次/年	编辑

图 3-27　自行监测要求信息填报截图

锅炉信息填写完成后点击“下一步”按钮，跳转至下一张表。

（3）排污单位登记信息—主要产品及产能和排污单位登记信息—主要产品及产能补充

排污单位应根据排污许可证申请与核发技术规范要求，填写有关主要生产单元的主要工艺、生产设施、生产设施编号、设施参数、产品名称、生产能力、计量单位、设计年生产时间及其他选项等信息。对于不同行业，填报格式略有不同，有行业排污许可证申请与核发技术规范的，排污单位可参照行业技术规范填写，无行业技术规范的，可参照《排污许可证申请与核发技术规范 总则》（HJ 942—2018）填写。

设计年生产时间按环境影响评价文件及审批意见或地方政府对违规项目的认定或备案文件中的年生产时间填写。无审批意见、认定或备案文件的，按实际生产时间填写。

生产能力为主要产品设计产能，不包括国家或地方政府予以淘汰或取缔的产能，没有设计产能数据时，以近三年实际产量均值计算。

生产单元、工艺、生产设施名称及参数依据相关技术规范，结合环评报告、实际情况进行填报。

在生产设施编号栏填写企业内部编号,若无内部编号,可按照《固定污染源(水、大气)编码规则(试行)》中的生产设施编号规则编写,如 MF0001。须注意,生产设施编号不能重复。

"其他"是指表格中无法囊括的信息,可根据实际情况填写在其他文本框中。

在填写主要产品及产能表单内容时,系统会默认当前填报的行业类别为企业填报的主要行业类别,若当前申请单位涉及多个行业,应先选择所需填报行业,再进行填报,需分别对每个行业进行添加设置。

部分行业产品及设施等信息均在主要产品及产能一张表中填报,例如"砖瓦、石材等建筑材料制造"。在部分行业主要产品及产能表中仅填报产品信息,生产单元、工艺、设施等内容在主要产品及产能补充中填报,例如"汽车制造业"。排污单位按照顺序先填报主要产品及产能表,再填报主要产品及产能补充表。填报主要产品及产能补充表时在行业类别选择框中选到对应行业,若无法选到某个行业,说明此行业不用填写主要产品及产能补充表。

砖瓦、石材等建筑材料制造行业填报示例:

选择主要产品及产能表,点击"添加"按钮,选择"行业类别",如图 3-28 所示,继续点击"添加"按钮,选择"主要生产单元名称"和"主要工艺名称",如图 3-29 所示,点击"添加设施"按钮,依次填写"生产设施名称""生产设施编号""是

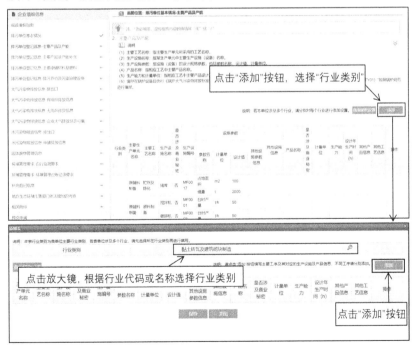

图 3-28　建筑材料制造行业类别填报界面截图

图3-29　主要生产单元及工艺名称填报截图

否涉及商业秘密"，再点击"添加设施参数"按钮，分别填写"参数名称""计量单位""设计值"，填写完成后点击"保存"按钮，再点击"添加产品"按钮，分别填写"产品名称""计量单位""生产能力""设计年生产时间"，填写完成后点击"保存"按钮，如图3-30所示。

（a）

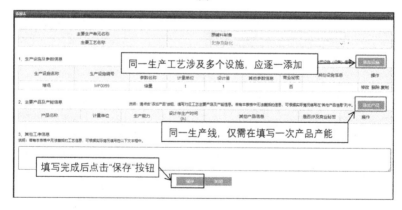

（b）

图3-30　生产设施及参数信息填报截图

汽车制造业填报示例：

选择主要产品及产能表，主要填写产品信息。点击"添加"按钮，选择"行业类别""生产线类别"，填写"生产线编号"，继续点击"添加"按钮，填写"产品类型""是否涉及商业秘密""计量单位""生产能力""设计年生产时间""近 3 年实际产量"，再点击"添加"按钮，填写产品"参数名称""计量单位"和"设计值"，填写完成后点击"保存"按钮，如图 3-31 所示。

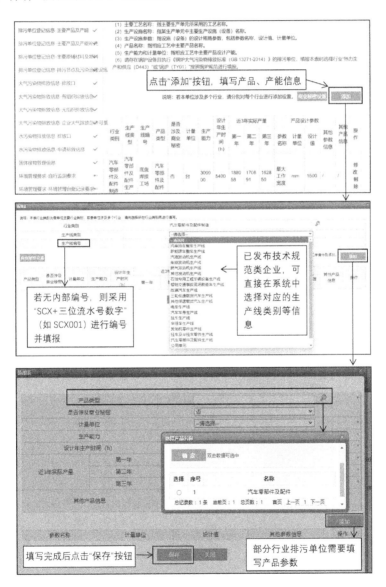

图 3-31 汽车制造业产品产能填报界面截图

主要产品及产能补充表，主要填写生产单元、工艺、生产设施及其参数等。点击"添加"按钮，选择"行业类别""生产线类别"，填写"生产线编号"，再点击"添加"按钮，填写"主要生产单元名称"和"主要工艺名称"，点击"添加设施"按钮，依次填写"生产设施名称""生产设施编号""是否涉及商业秘密"，再点击"添加设施参数"按钮，分别填写"参数名称""计量单位""设计值"，填写完成后点击"保存"按钮，如图 3-32 所示。

主要产品及产能信息填写完成后点击"下一步"按钮，跳转至下一张表。

（4）排污单位登记信息—主要原辅材料及燃料

主要原辅材料及燃料表分为原料及辅料信息表和燃料信息表，此页面显示两张附图，生产工艺流程图和生产厂区总平面布置图。

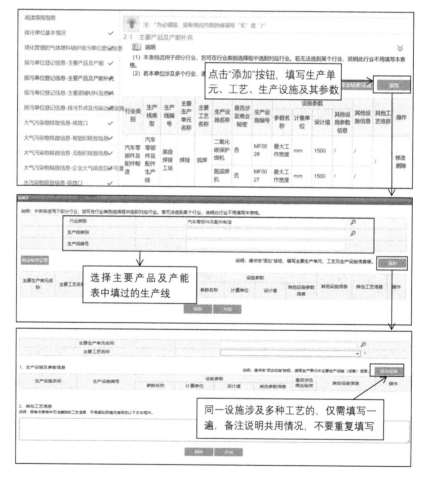

（a）

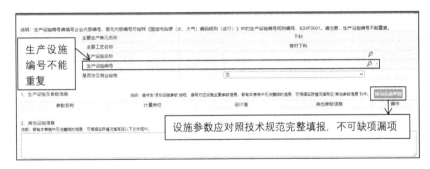

（b）

图 3-32　主要产品及产能补充界面截图

　　生产工艺流程图应包括主要生产设施(设备)、主要原燃料的流向、生产工艺流程等内容，如图 3-33 所示。生产厂区总平面布置图应包括主要工序、厂房、设备位置关系，注明厂区雨水、污水收集和运输走向等内容，如图 3-34 所示。两者可上传文件格式都为图片格式，包括 jpg/jpeg/gif/bmp/png，附件大小不能超过5M，图片分辨率不能低于 72 dpi，可上传多张图片。

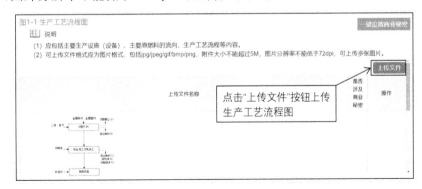

图 3-33　工艺流程图截图

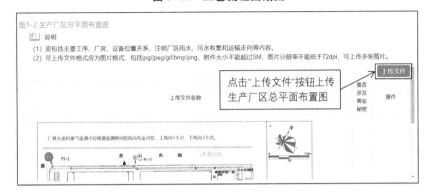

图 3-34　生产厂区总平面布置图截图

在原料及辅料信息表中需要填写种类、名称、年最大使用量和有毒有害成分及占比，部分行业需要填挥发性有机物含量和近三年原辅料年使用量，如图3-35所示。其中种类是指材料种类，选填"原料"或"辅料"。名称指原料、辅料名称，有毒有害成分及占比指有毒有害物质或元素及其在原料或辅料中的成分占比，如氟元素（0.1%）。

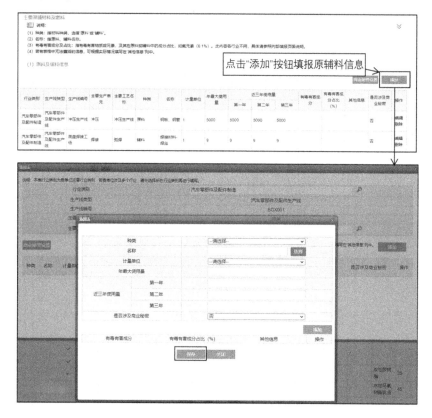

图 3-35　原料及辅料信息表填报截图

在燃料信息表中主要填写排污单位生产过程中使用的燃料名称、年最大使用量和成分占比，如图3-36所示。燃料成分一般包括灰分、硫分、挥发分。

若为锅炉燃料，行业类别需选择"热力生产和供应（D443）"或"锅炉（TY01）"再进行填报。锅炉燃料信息分为固体及液体燃料信息和气体燃料信息两套表。排污单位根据使用的燃料选择对应表单填写，依次填写燃料名称、燃料成分、低位发热量、年燃料使用量等内容，如图3-37所示。

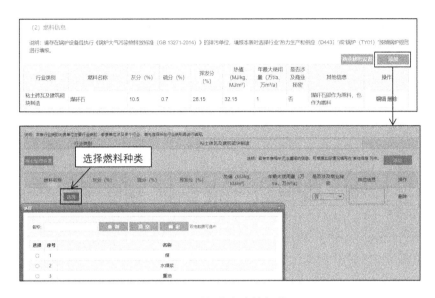

图 3-36　燃料信息表填报截图

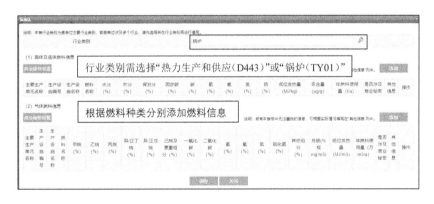

图 3-37　锅炉燃料信息表填报截图

（5）排污单位登记信息—排污节点及污染治理设施

排污节点及污染治理设施主要分为废气产排污节点、污染物及污染治理设施信息表和废水类别、污染物及污染治理设施信息表。

废气产排污节点、污染物及污染治理设施信息表包含产污设施名称、编号，对应产污环节名称，产生的污染物种类，排放形式，污染治理设施名称，有组织排放口编号、名称和排放口类型等内容。

产污设施名称：只产生污染物的生产设施名称。

对应产污环节名称：指生产设施对应的主要产污环节名称。

污染物种类：指产生的主要污染物类型，以相应排放标准中确定的污染因子为准。

排放形式：指有组织排放或无组织排放。

污染治理设施名称：对于有组织废气，以火电行业为例，污染治理设施名称包括三电场静电除尘器、四电场静电除尘器、普通袋式除尘器、覆膜滤料袋式除尘器等。

在污染治理设施编号栏填写企业内部编号，每个设施一个编号，若无内部编号，可按照《固定污染源（水、大气）编码规则（试行）》中的治理设施编码规则编写，如 TA001；若产污环节对应的污染物没有污染治理设施，污染治理设施编号请填写"无"。

有组织排放口编号：填写已有在线监测排放口编号或执法监测使用编号，若无相关编号，可按照《固定污染源（水、大气）编码规则（试行）》中的排放口编码规则编写，如 DA001。每个有组织排放口编号框只能填写一个编号，若排放口相同，应填写相同的编号，排放类型为无组织的，无须编号。

排放口设置是否符合要求：指排放口设置是否符合排污口规范化整治技术要求等相关文件的规定。

废气产排污节点、污染物及污染治理设施信息表填报如图 3-38 所示。

废水类别、污染物及污染治理设施信息表包含废水类别、污染物种类、污染治理设施、排放去向、排放方式、排放规律、排放口编号、排放口名称、排放口类型等内容。

废水类别：指产生废水的工艺、工序，或废水类型的名称。

污染物种类：指产生的主要污染物类型，以相应排放标准中确定的污染因子为准。

排放去向：包括不外排，排至厂内综合污水处理站，直接进入海域，直接进入江河、湖、库等水环境，进入城市下水道（再入江河、湖、库），进入城市下水道（再入沿海海域），进入城市污水处理厂，直接进入污灌农田，进入地渗或蒸发地，进入其他单位，进入工业废水集中处理厂，其他（包括回喷、回填、回灌、回用等）。对于工艺、工序中产生的废水，"不外排"指全部在工序内部循环使用，"排至厂内综合污水处理站"指工序废水经处理后排至综合污水处理站。对于综合污水处理站，"不外排"指全厂废水经处理后全部回用不排放。

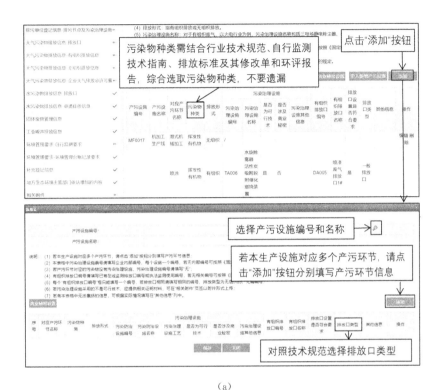

（a）

（b）

图 3-38　废气产排污节点、污染物及污染治理设施信息表填报截图

排放方式：排放方式分为直接排放、间接排放和无三种。

排放规律：当废水直接或间接进入环境水体时应填写排放规律，不外排时不用填写。根据《废水排放规律代码（试行）》（HJ 521—2009），废水排放规律包括：废水连续排放，流量稳定；废水连续排放，流量不稳定，但有周期性规律；废水连续排放，流量不稳定，但有规律，且不属于周期性规律；废水连续排放，流量不稳定，属于冲击型排放；废水连续排放，流量不稳定且无规律，但不属于冲击型排放；废水间断排放，排放期间流量稳定；废水间断排放，排放期间流量不稳定，但有周期性规律；废水间断排放，排放期间流量不稳定，但有规律，且不属于周期性规律；废水间断排放，排放期间流量不稳定，属于冲击型排放；废水间断排放，排放期间流量不稳定且无规律，但不属于冲击型排放。

污染治理设施名称：指主要污水处理设施名称，如"综合污水处理站""生活污水处理系统"等。

污染治理设施编号：填写企业内部编号，每个设施一个编号，若无内部编号，可按照《固定污染源（水、大气）编码规则（试行）》中的治理设施编码规则编写，如TW001；若废水来源对应的污染物没有污染治理设施，污染治理设施编号请填写"无"。

排放口编号：请填写已有在线监测排放口编号或执法监测使用编号，若无相关编号，可按照《固定污染源（水、大气）编码规则（试行）》中的排放口编码规则编写，如DW001。每个排放口编号框只能填写一个编号，若排放口相同，请填写相同的编号，对于"不外排"的废水，无须编号。

排放口设置是否符合要求：指排放口设置是否符合排污口规范化整治技术要求等相关文件的规定。

废水类别、污染物及污染治理设施信息表填报如图 3-39 所示。

（6）大气污染物排放信息—排放口

大气污染物排放信息分为大气排放口基本情况表和废气污染物排放执行标准信息表。

在大气排放口基本情况表中应填报排放口编号、排放口名称、污染物种类、排放口地理坐标、排气筒高度、排气筒出口内径、排气温度等。

排放口地理坐标：指排气筒所在地经纬度坐标，可通过点击"选择"按钮在GIS地图中点选后自动生成，与生产经营场所中心经纬度填报方式相同。

排气筒出口内径：对于不规则形状的排气筒，填写等效内径。

排放口编号、排放口名称、污染物种类：根据废气产排污节点、污染物及污染治理设施信息表自动生成，内容同步。

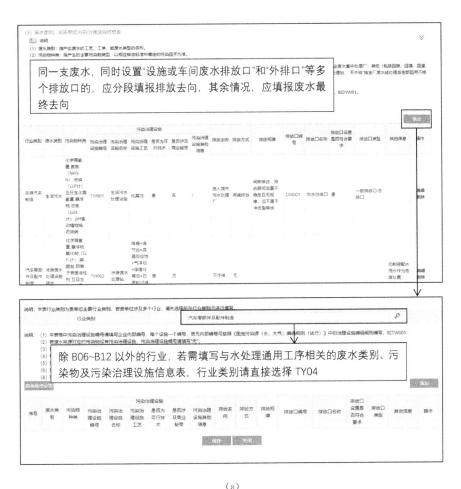

（a）

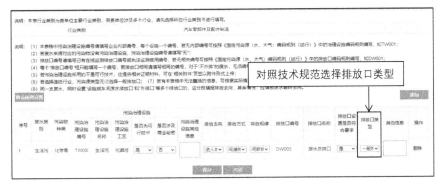

（b）

图 3-39　废水类别、污染物及污染治理设施信息表填报截图

大气排放口基本情况表填报如图 3-40 所示。

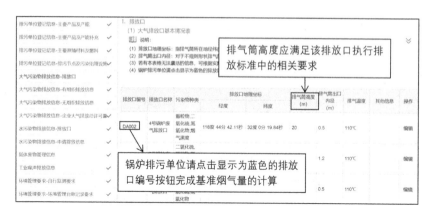

图 3-40　大气排放口基本情况表填报截图

废气污染物排放执行标准信息表主要包含国家或地方污染物排放标准、环境影响评价批复要求、承诺更加严格排放限值等。

依据《生态环境标准管理办法》（生态环境部令第 17 号）第二十一条,污染物排放标准包括大气污染物排放标准、水污染物排放标准、固体废物污染控制标准、环境噪声排放控制标准和放射性污染防治标准等。

水和大气污染物排放标准,根据适用对象分为行业型、综合型、通用型、流域（海域）或者区域型污染物排放标准。

行业型污染物排放标准适用于特定行业或者产品污染源的排放控制,如《印刷工业大气污染物排放标准》（GB 41616—2022）。

综合型污染物排放标准适用于行业型污染物排放标准适用范围以外的其他行业污染源的排放控制,如《大气污染物综合排放标准》（GB 16297—1996）。

通用型污染物排放标准适用于跨行业通用生产工艺、设备、操作过程或者特定污染物、特定排放方式的排放控制,如《锅炉大气污染物排放标准》（GB 13271—2014）。

流域（海域）或者区域型污染物排放标准适用于特定流域（海域）或者区域范围内的污染源排放控制,如《太湖地区城镇污水处理厂及重点工业行业主要水污染物排放限值》（DB 32/1072—2018）。

依据《生态环境标准管理办法》（生态环境部令第 17 号）第二十四条,确定污染物排放标准的执行顺序。

（一）地方污染物排放标准优先于国家污染物排放标准;地方污染物排放标准未规定的项目,应当执行国家污染物排放标准的相关规定。

（二）同属国家污染物排放标准的，行业型污染物排放标准优先于综合型和通用型污染物排放标准；行业型或者综合型污染物排放标准未规定的项目，应当执行通用型污染物排放标准的相关规定。

（三）同属地方污染物排放标准的，流域（海域）或者区域型污染物排放标准优先于行业型污染物排放标准，行业型污染物排放标准优先于综合型和通用型污染物排放标准。流域（海域）或者区域型污染物排放标准未规定的项目，应当执行行业型或者综合型污染物排放标准的相关规定；流域（海域）或者区域型、行业型或者综合型污染物排放标准均未规定的项目，应当执行通用型污染物排放标准的相关规定。

若执行不同许可排放浓度的多台生产设施或排放口采用混合方式排放废气，且选择的监控位置只能监测混合废气中的大气污染物浓度，则应执行各许可排放限值要求中最严格的限值。

废气污染物排放执行标准信息表填报如图3-41所示。

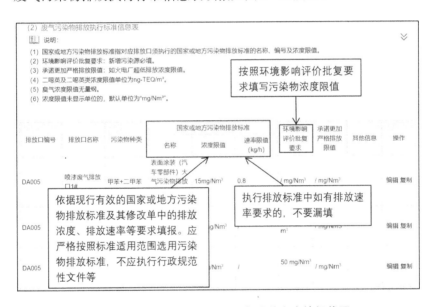

图3-41 废气污染物排放执行标准信息表填报截图

（7）大气污染物排放信息—有组织排放信息

大气污染物有组织排放信息主要包含主要排放口、一般排放口、全厂有组织排放总计、申请年排放量限值计算过程、申请特殊时段许可排放量限值计算过程五个部分。

根据技术规范要求，大部分行业主要排放口需要许可排放浓度（速率）和排放量,少部分行业主要排放口仅许可排放浓度(速率)。年许可排放量是指允许排污单位连续生产 12 个月排放的污染物最大排放量,同时适用于考核自然年的实际排放量。依据总量控制指标及本标准规定的方法从严确定许可排放量,2015 年 1 月 1 日(含)后取得环境影响评价审批意见的排污单位,许可排放量还应同时满足环境影响评价文件和审批意见要求。

申请特殊排放浓度限值:指地方政府制定的环境质量限期达标规划、重污染天气应对措施中对排污单位有更加严格的排放控制要求。

申请特殊时段许可排放量限值:指地方政府制定的环境质量限期达标规划、重污染天气应对措施中对排污单位有更加严格的排放控制要求。

大气污染物有组织排放信息主要排放口填报如图 3-42 所示。

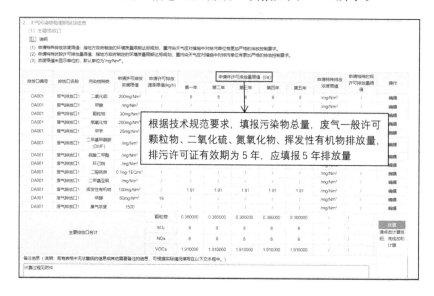

图 3-42 大气污染物有组织排放信息主要排放口填报截图

一般排放口一般不设置许可排放量的要求,只对排放浓度进行许可,其填报如图 3-43 所示。

全厂有组织排放总计指的是,主要排放口许可排放量与一般排放口许可排放量之和数据,点击"计算"按钮,系统自动合计数据,如图 3-44 所示。

申请年排放量限值计算过程和申请特殊时段许可排放量限值计算过程主要填写计算方法、公式、参数选取过程,以及计算结果的描述等内容,若申请年排放量限值和申请特殊时段许可排放量限值计算过程复杂,可在"相关附件"页签以附件形式上传,此处可填写"计算过程详见附件"等,如图 3-45、图 3-46 所示。

(2) 一般排放口

说明：浓度限值未显示单位的，默认单位为"mg/Nm³"。

排放口编号	排放口名称	污染物种类	申请许可排放浓度限值	申请许可排放速率限值(kg/h)	申请年许可排放量限值（t/a）					申请特殊排放浓度限值	申请特殊时段许可排放量限值	操作
					第一年	第二年	第三年	第四年	第五年			
DA002	废气排放口2	二甲苯	40mg/Nm³	1.5	/	/	/	/	/	/mg/Nm³	/	编辑
DA002	废气排放口2	环己酮	/mg/Nm³	/						/mg/Nm³	/	编辑
DA002	废气排放口2	乙二醇	/mg/Nm³	/						/mg/Nm³	/	编辑
DA002	废气排放口2	挥发性有机物	100mg/Nm³	/	/	/	/	/	/	/mg/Nm³	/	编辑
DA002	废气排放口2	颗粒物	20mg/Nm³	/	/	/	/	/	/	/mg/Nm³	/	编辑
DA002	废气排放口2	甲醇	60mg/Nm³	7.2	/	/	/	/	/	/mg/Nm³	/	编辑
DA003	废气排放口3	颗粒物	20mg/Nm³	/	/	/	/	/	/	/mg/Nm³	/	编辑
DA004	废气排放口4	挥发性有机物	100mg/Nm³	/	/	/	/	/	/	/mg/Nm³	/	编辑
一般排放口合计				颗粒物	/	/	/	/	/	/	/	计算 请点击计算按钮，完成加和计算
				SO_2	/	/	/	/	/	/	/	
				NOx	/	/	/	/	/	/	/	
				VOCs	/	/	/	/	/	/	/	

申请许可排放浓度（速率）限值应符合排放标准要求

备注信息（说明：若有表格中无法囊括的信息或其他需要备注的信息，可根据实际情况填写在以下文本框中。）

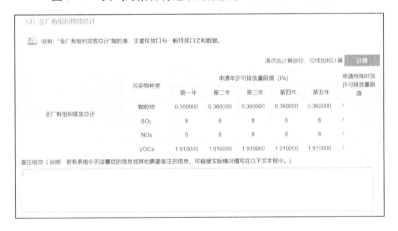

图 3-43　大气污染物有组织排放信息一般排放口填报截图

(3) 全厂有组织排放总计

说明："全厂有组织排放总计"指的是，主要排放口与一般排放口之和数据。

请点击计算按钮，完成加和计算　计算

	污染物种类	申请年许可排放量限值（t/a）					申请特殊时段许可排放量限值
		第一年	第二年	第三年	第四年	第五年	
全厂有组织排放总计	颗粒物	0.360000	0.360000	0.360000	0.360000	0.360000	/
	SO_2	8	8	8	8	8	/
	NOx	8	8	8	8	8	/
	VOCs	1.910000	1.910000	1.910000	1.910000	1.910000	/

备注信息（说明：若有表格中无法囊括的信息或其他需要备注的信息，可根据实际情况填写在以下文本框中。）

/

图 3-44　全厂有组织废气排放量总计界面截图

(4) 申请年排放量限值计算过程：（包括方法、公式、参数选取过程，以及计算结果的描述等内容）

说明：若申请年排放量限值计算过程复杂，可在"相关附件"页签以附件形式上传，此处可填写"计算过程详见附件"等。

计算过程详见附件

图 3-45　大气污染物有组织排放信息申请年排放量限值计算过程截图

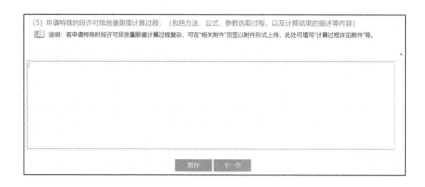

图 3-46　大气污染物有组织排放信息申请特殊时段许可排放量限值计算过程截图

（8）大气污染物排放信息—无组织排放信息

排污单位应按技术规范要求，填报无组织排放编号、产污环节、污染物种类、主要污染防治措施、国家或地方污染物排放标准等信息，如图 3-47 所示。无组织排放编号指产生无组织排放的生产设施编号。在"其他信息"一列，可填写监测浓度值，如"监控点 1 h 平均浓度值""监控点处任意一次浓度值"。无须申请许可排放量的无组织排放，画"/"。仅部分行业无组织排放需申请许可排放量，例如石化行业。

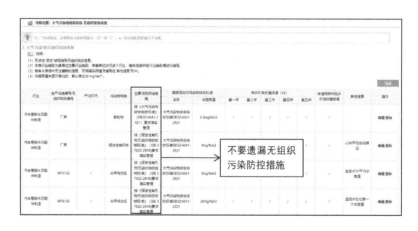

图 3-47　大气污染物无组织排放信息填报界面截图

排污单位应按照技术规范的要求，填报本单位所有无组织排放环节和无组织防治措施，判断无组织管控现状是否满足技术规范中提出的无组织排放控制要求。

（9）大气污染物排放信息—企业大气排放总许可量

"全厂合计"指的是，"全厂有组织排放总计"与"全厂无组织排放总计"之和数据,全厂总量控制指标数据两者取严(取最小值)。系统自动计算"全厂有组织排放总计"与"全厂无组织排放总计"之和。企业大气排放总许可量填报如图3-48所示。

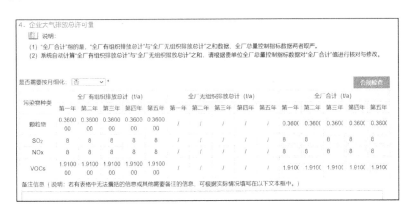

图 3-48　企业大气排放总许可量填报截图

(10)水污染物排放信息—排放口

水污染物排放信息—排放口包含废水直接排放口基本情况表、入河排污口信息、雨水排放口基本情况表、废水间接排放口基本情况表、废水污染物排放执行标准表。

废水直接排放口基本情况表主要包含排放口地理位置、排放去向、排放规律、受纳自然水体信息等内容。废水直接排放口基本情况表填报如图3-49所示。

排放口地理位置:对于直接排放至地表水体的排放口,指废水排出厂界处经纬度坐标;纳入管控的车间或车间处理设施排放口,指废水排出车间或车间处理设施边界处经纬度坐标。可通过点击"选择"按钮在GIS地图中点选后自动生成。

受纳自然水体名称:指受纳水体的名称,如南沙河、太子河、温榆河等。

受纳自然水体功能目标:指对于直接排放至地表水体的排放口,其所处受纳水体功能类别,如Ⅲ类、Ⅳ类、Ⅴ类等。

汇入受纳自然水体处地理坐标:对于直接排放至地表水体的排放口,指废水汇入地表水体处经纬度坐标;可通过点击"选择"按钮在GIS地图中点选后自动生成。对于车间或生产设施排口,可不填写受纳水体信息,但需填报排放口地理坐标,便于后续管理。

图 3-49　废水直接排放口基本情况表填报截图

入河排污口信息包含排放口编号、名称和入河排污口名称、编号和批复文号。入河排污口信息填报如图 3-50 所示。

		入河排污口				
排放口编号	排放口名称	名称	编号	批复文号	其他信息	操作
DW001	废水总排口	入河排污口	320117100005	/	无批复文号，具体见附件入河登记表	编辑

(2) 入河排污口信息

图 3-50　入河排放口信息填报截图

雨水排放口基本情况表包含排放口地理位置、排水去向、排放规律、间歇式排放时段、受纳自然水体信息等内容。雨水排放口基本情况表如图 3-51 所示。

在雨水排放口编号栏填写企业内部编号，如无内部编号，则采用"YS+三位流水号数字"（如 YS001）进行编号。

废水间接排放口基本情况表包含排放口地理坐标、排放去向、排放规律、间歇排放时段、受纳污水处理厂信息。

排放口地理坐标：对于排至厂外城镇或工业污水集中处理设施的排放口，指废水排出厂界处经纬度坐标；对纳入管控的车间或者生产设施排放口，指废水排出车间或者生产设施边界处经纬度坐标。可通过点击"选择"按钮在 GIS 地图中点选后自动生成。

受纳污水处理厂名称：指厂外城镇或工业污水集中处理设施名称，如酒仙桥生活污水处理厂、宏兴化工园区污水处理厂等。

（3）雨水排放口基本情况表

说明：畜禽养殖行业排污单位无需填报此信息

雨水排放口不许可排放浓度限值，也不许可排放量限值

添加

排放口编号	排放口名称	排放口地理位置		排水去向	排放规律	间歇式排放时段	受纳自然水体信息		汇入受纳自然水体处地理坐标		其他信息	操作
		经度	纬度				名称	受纳水体功能目标	经度	纬度		
DW002	雨水排放口	119度4分19.92秒	31度39分53.10秒	进入城市下水道（再入江、河、湖、库）	间断排放，排放期间流量不稳定且无规律，但不属于冲击型排放	下雨时	一干河	IV类	119度4分9.84秒	31度39分52.27秒		编辑删除

图 3-51　雨水排放口基本情况表填报截图

排水协议规定的浓度限值：指排污单位与受纳污水处理厂等协商的污染物排放浓度限值要求，属于选填项，没有可以填写"/"。

点击受纳污水处理厂名称后的"增加"按钮，可设置污水处理厂排放的污染物种类及其浓度限值。

废水间接排放口基本信息表填报如图 3-52 所示。

（4）废水间接排放口基本情况表

说明：
（1）排放口地理坐标：对于排至厂外城镇或工业污水集中处理设施的排放口，指废水排出厂界处经纬度坐标；对纳入管控的车间或者生产设施排放口，指废水排出车间或者生产设施边界处经纬度坐标。可通过点击"按钮在GIS地图中点选后自动生成。
（2）受纳污水处理厂名称：指厂外城镇或工业污水集中处理设施名称，如酒仙桥生活污水处理厂、宏兴化工园区污水处理厂等。
（3）排水协议规定的浓度限值：指排污单位与受纳污水处理厂等协商的污染物排放浓度限值要求。属于选填项，没有可以填写/。
（4）点击受纳污水处理厂名称后的增加按钮，可设置污水处理厂排放的污染物种类及其浓度限值。

排放口编号	排放口名称	排放口地理坐标		排放去向	排放规律	间歇排放时段	受纳污水处理厂信息				操作
		经度	纬度				名称	污染物种类	排水协议规定的浓度限值(mg/L)（如有）	国家或地方污染物排放标准浓度限值	
DW001	废水总排口	119度4分19.96秒	31度39分55.91秒	进入城市污水处理厂	间断排放，排放期间流量不稳定且无规律，但不属于冲击型排放	8:00-16:30	南京溧水秦淮污水处理有限公司	五日生化需氧量	/ mg/L	10 mg/L	编辑
								总氮（以N计）	/ mg/L	12 mg/L	
								悬浮物	/ mg/L	10 mg/L	
								pH值	/	6-9	
								氨氮（NH3-N）	/ mg/L	4 mg/L	
								化学需氧量	/ mg/L	50 mg/L	
								总磷（以P计）	/ mg/L	0.5 mg/L	

图 3-52　废水间接排放口基本信息表填报截图

废水污染物排放执行标准表主要填报有关废水污染物的国家或地方污染物排放标准名称及浓度限值、排水协议规定的浓度限值、环境影响评价审批意见要求、承诺更加严格排放限值，如图 3-53 所示。废水排放标准确定方法与废气相同。

（11）水污染物排放信息—申请排放信息

水污染物排放信息—申请排放信息主要包含主要排放口、一般排放口、全厂排放口总计、申请年排放量限值计算过程、申请特殊时段许可排放量限值计算过程五个部分。

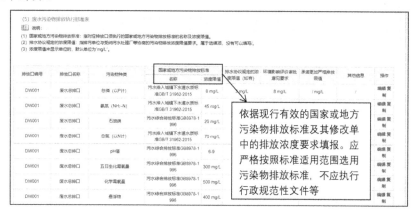

（a）

（b）

图 3-53　废水污染物排放执行标准表填报截图

根据技术规范要求，大部分行业主要排放口需要许可排放浓度和排放量，少部分行业主要排放口仅许可排放浓度。年许可排放量是指允许排污单位连续生产 12 个月排放的污染物最大排放量，同时适用于考核自然年的实际排放量。依据总量控制指标及相关标准规定的方法从严确定许可排放量，2015 年 1 月 1 日

(含)后取得环境影响评价审批意见的排污单位,许可排放量还应同时满足环境影响评价文件和审批意见要求。

申请特殊时段排放量限值:指地方政府制定的环境质量限期达标规划、重污染天气应对措施中对排污单位有更加严格的排放控制要求。

水污染物排放信息主要排放口填报如图3-54所示。

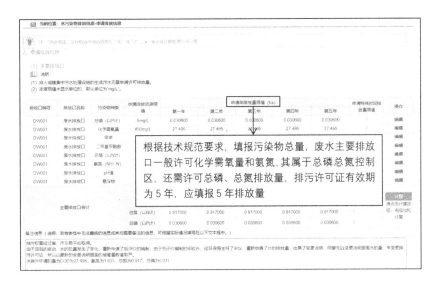

图3-54 水污染物排放信息主要排放口填报截图

一般排放口一般不设置许可排放量的要求,只对排放浓度进行许可,其填报如图3-55所示。

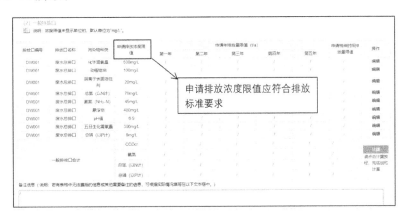

图3-55 水污染物排放信息一般排放口填报截图

全厂排放口总计指的是,主要排放口与一般排放口许可排放量之和数据,点击“计算”按钮，系统自动合计数据，如图 3-56 所示。

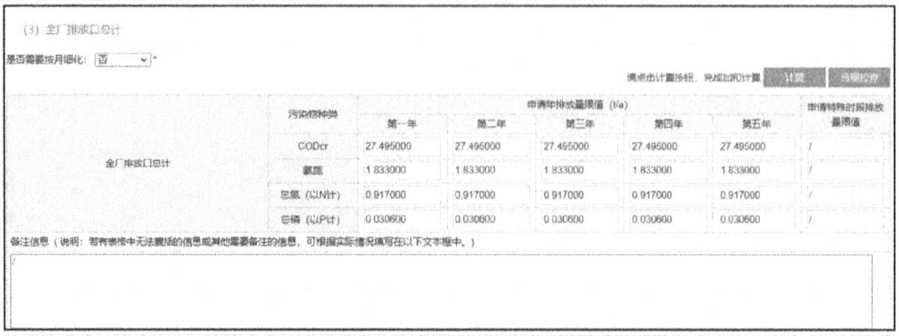
(3) 全厂排放口总计

是否需要按月细化：否 *

请点击计算按钮，完成加和计算 计算

	污染物种类	申请年排放量限值 (t/a)					申请特殊时段排放量限值
		第一年	第二年	第三年	第四年	第五年	
全厂排放口总计	CODcr	27.495000	27.495000	27.495000	27.495000	27.495000	/
	氨氮	1.833000	1.833000	1.833000	1.833000	1.833000	/
	总氮（以N计）	0.917000	0.917000	0.917000	0.917000	0.917000	/
	总磷（以P计）	0.030600	0.030600	0.030600	0.030600	0.030600	/

备注信息（说明：若有表格中无法囊括的信息或其他需要备注的信息，可根据实际情况填写在以下文本框中。）

/

图 3-56 全厂废水排放口排放量总计截图

申请年排放量限值计算过程和申请特殊时段许可排放量限值计算过程主要填写计算方法、公式、参数选取过程，以及计算结果的描述等内容，若申请年排放量限值和申请特殊时段许可排放量限值计算过程复杂，可在“相关附件”页签以附件形式上传，此处可填写“计算过程详见附件”等，如图 3-57、图 3-58 所示。

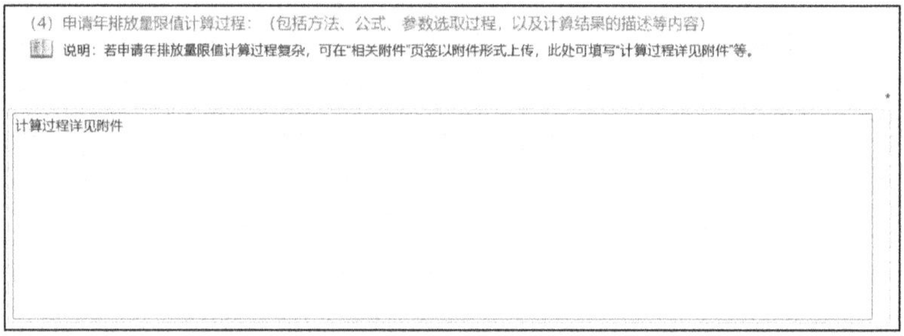

图 3-57 水污染物排放申请年排放量限值计算过程截图

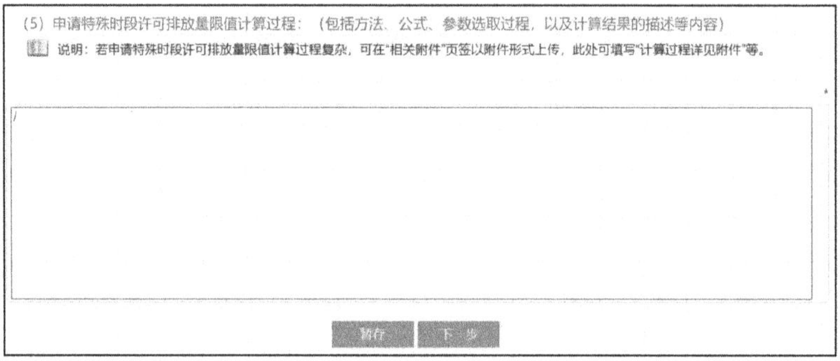

图 3-58 水污染物排放申请特殊时段许可排放量限值计算过程截图

重点管理排放单位须发布许可申请前信息公开内容。

重点管理排放单位填写完排污单位基本情况、排污单位登记信息—主要产品及产能、排污单位登记信息—主要原辅材料及燃料、排污单位登记信息—排污节点及污染治理设施、大气污染物排放信息—排放口、大气污染物排放信息—有组织排放信息、大气污染物排放信息—无组织排放信息、大气污染物排放信息—企业大气排放总许可量、水污染物排放信息—排放口、水污染物排放信息—申请排放信息表格后，可在全国排污许可证管理信息平台进行许可申请前信息公开，系统也会给予填报提示，如图 3-59 所示。具体填报步骤见图 3-60。

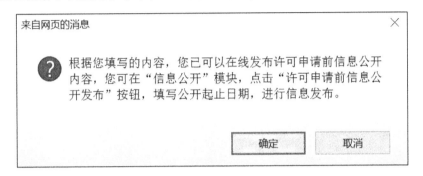

图 3-59 许可申请前信息公开填报提示

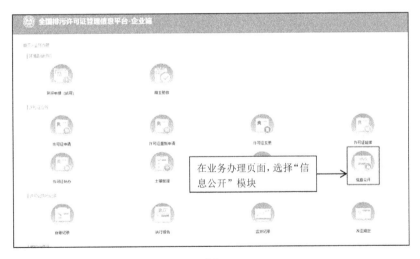

（a）

（b）

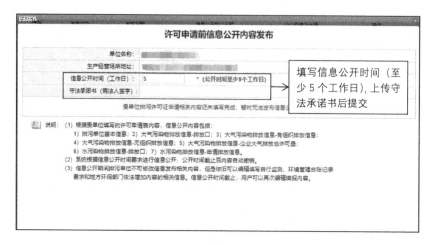

(c)

(d)

图 3-60 许可申请前信息公开表单填报截图

信息公开期间排污单位不可以修改上述 12 张表单的内容，不可提交申请，但是依旧可以编辑固体废物管理信息、工业噪声排放信息、环境管理要求——自行监测要求、环境管理要求——环境管理台账记录要求、地方环保部门依法增加内容的信息和附件。信息公开时间截止，用户可以再次编辑填报内容。信息公开期间用户可以撤销发布内容，系统留痕保存，用户可以再次提交发布内容。排污单位可以进入信息公开模块实时查看用户反馈意见。

（12）固体废物管理信息

固体废物基础信息表中的固体废物名称、代码、危险特性、类别为系统可选择项，勾选系统对应数据，不需要自行编辑；固体废物类别、物理性状、产生环节应该与实际一致。对环评文件要求鉴别判定的工业固体废物，排污单位需要在固体废物类别中选择危险废物，危险废物名称选择"其他"，并手动填报环评文件中工业固体废物名称、危险废物代码、危险特性填报待鉴别。按要求鉴别后，须根据鉴别结果变更填报该固体废物的基础信息。去向为多选项，涉及厂内暂存再委外处置的，去向选择"自行贮存，委托处置"；涉及厂内暂存再外售再利用的，去向选择"自行贮存，委托利用"；涉及厂内暂存再自行处置的，去向选择"自行贮存，自行处置"；涉及厂内暂存再自行利用的，去向选择"自行贮存，自行利用"。若存在不在厂内暂存，产生后立即利用处置的，建议备注说明情况。具体如图 3-61 所示。

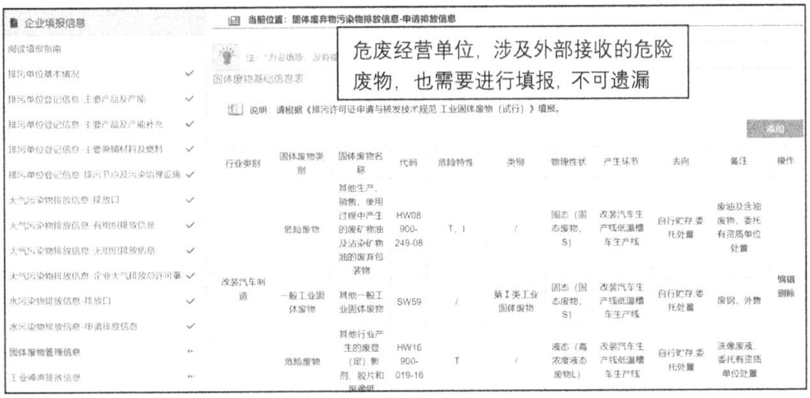

图 3-61 固体废物基础信息表填报截图

关于"委托贮存/利用/处置环节污染防控技术要求"，根据《排污许可证申请与核发技术规范 工业固体废物（试行）》（HJ 1200—2021）填报，如图 3-62 所示，其主要分为以下三种类型：

①产生危险废物和一般工业固废的排污单位

排污单位委托他人运输、利用、处置危险废物的，应落实《中华人民共和国固体废物污染环境防治法》等法律法规要求，对受托方的主体资格和技术能力进行核实，依法签订书面合同，在合同中约定污染防治要求；转移危险废物的，应当按照国家有关规定填写、运行危险废物转移联单等。

排污单位委托他人运输、利用、处置一般工业固体废物的，应落实《中华人民共和国固体废物污染环境防治法》等法律法规要求，对受托方的主体资格和技术能力进行核实，依法签订书面合同，在合同中约定污染防治要求等。

②只涉及产生危险废物的排污单位

排污单位委托他人运输、利用、处置危险废物的，应落实《中华人民共和国固体废物污染环境防治法》等法律法规要求，对受托方的主体资格和技术能力进行核实，依法签订书面合同，在合同中约定污染防治要求；转移危险废物的，应当按照国家有关规定填写、运行危险废物转移联单等。

③只涉及产生一般工业固体废物的排污单位

排污单位委托他人运输、利用、处置一般工业固体废物的，应落实《中华人民共和国固体废物污染环境防治法》等法律法规要求，对受托方的主体资格和技术能力进行核实，依法签订书面合同，合同中约定污染防治要求等。

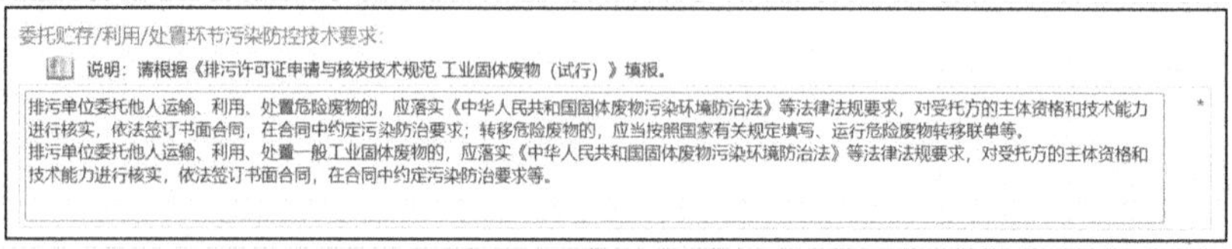

图 3-62　委托贮存/利用/处置环节污染防控技术要求填报截图

自行贮存和自行利用/处置信息表根据《排污许可证申请与核发技术规范工业固体废物（试行）》（HJ 1200—2021）填报，如图 3-63 所示。固废仓库的信息要完整填报，固废仓库的面积应该和贮存能力匹配。一般情况下，1 平方米的仓库贮存能力是 1 吨；有货架的，1 平方米的仓库贮存能力是 1.5 吨。具体根据企业实际情况进行填报。如果企业涉及自行处置或自行利用的设施，此模块也需填报相关设施情况，不可遗漏；类似塑料加工企业，如果涉及的塑料边角料自行利用设备太多，可以一个设施类型填报，并备注说明。

自行贮存设施污染防控技术要求分为以下四种类型：

①涉及一般工业固体废物贮存的排污单位。

采用库房、包装工具（罐、桶、包装袋等）贮存一般工业固体废物的，贮存过程应满足相应防渗漏、防雨淋、防扬尘等环境保护要求；危险废物和生活垃圾不得进入一般工业固体废物贮存场；应为不相容的一般工业固体废物设置不同的分区进行贮存；在贮存场应设置清晰、完整的一般工业固体废物标志牌等。排污单位生产运营期间一般工业固体废物自行贮存/利用/处置设施的环境管理和相关设施运行维护要求还应符合《环境保护图形标志——固体废物贮存（处置）场》（GB 15562.2—1995）和《一般工业固体废物贮存和填埋污染控制标准》（GB 18599—2020）等相关标准规范要求。

②涉及一般工业固体废物焚烧的排污单位（如垃圾焚烧发电厂）。

采用库房、包装工具（罐、桶、包装袋等）贮存一般工业固体废物的，贮存过程应满足相应防渗漏、防雨淋、防扬尘等环境保护要求；危险废物和生活垃圾不得进入一般工业固体废物贮存场；应对不相容的一般工业固体废物设置不同的分区进行贮存；应对焚烧处置设施的炉渣与飞灰分别收集、贮存和运输；在贮存场应设置清晰、完整的一般工业固体废物标志牌等。排污单位生产运营期间一般工业固体废物自行贮存/利用/处置设施的环境管理和相关设施运行维护要求还应符合 GB 15562.2—1995、GB 18599—2020 和《固体废物处理处置工程技术导则》(HJ 2035—2013)等相关标准规范要求。

(a)

(b)

图 3-63 自行贮存和利用/处置设施信息表填报截图

③涉及一般工业固体废物填埋的排污单位(如垃圾填埋场)。

采用库房、包装工具(罐、桶、包装袋等)贮存一般工业固体废物的,贮存过程应满足相应防渗漏、防雨淋、防扬尘等环境保护要求;危险废物和生活垃圾不得进入一般工业固体废物填埋场;应为不相容的一般工业固体废物设置不同的分区进行填埋作业;在填埋场应设置清晰、完整的一般工业固体废物标志牌等。排污单位生产运营期间一般工业固体废物自行贮存/利用/处置设施的环境管理和相关设施运行维护要求还应符合 GB 15562.2—1995、GB 18599—2020 和 HJ 2035—2013 等相关标准规范要求。

④涉及一般工业固体废物处置的排污单位(如水泥窑)。

采用库房、包装工具(罐、桶、包装袋等)贮存一般工业固体废物的,贮存过程应满足相应防渗漏、防雨淋、防扬尘等环境保护要求;危险废物和生活垃圾不得进入一般工业固体废物贮存场;应为不相容的一般工业固体废物设置不同的分区进行贮存;在贮存场应设置清晰、完整的一般工业固体废物标志牌等。排污单位生产运营期间一般工业固体废物自行贮存/利用/处置设施的环境管理和相关设施运行维护要求还应符合 GB 15562.2—1995、GB 18599—2020、《水泥窑协同处置固体废物污染控制标准》(GB 30485—2013)和 HJ 2035—2013 等相关标准规范要求。

(13)工业噪声排放信息

按照《国民经济行业分类》(GB/T 4754—2017)属于工业行业(行业门类为 B、C、D)的,且依据《固定污染源排污许可分类管理名录(2019 年版)》属于第 3 至 99 类应当纳入排污许可管理的排污单位,须填报工业噪声排放信息表。

工业噪声排放信息包含产噪环节、执行标准、工业噪声排放许可管理要求、自行监测要求四个表格。

产噪环节:如图 3-64 所示,产噪单元编号,按照"CZ××××"进行编号,如 CZ0001,依次编号;产噪单元名称可按照生产线、生产单位或厂房等填报,无须逐个填报产噪生产设施;主要产噪设施,系统已有部分自带的产噪生产设施,若系统没有,可以选取"其他"自行编辑设施名称;同步填报产噪设施的数量和单位;

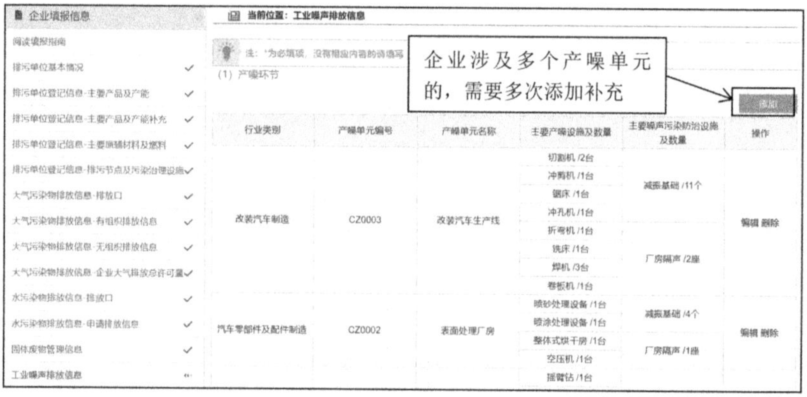

图 3-64　工业噪声排放信息产噪环节填报截图

主要噪声污染防治设施,系统已有部分自带的噪声污染防治设施,可直接选用,也可以选取"其他"自行编辑,噪声污染防治设施要与上方填报的产噪设备对应。

执行标准:目前系统默认可选择的标准只有《工业企业厂界环境噪声排放标准》(GB 12348—2008)。生产时段,一般情况下,昼间为 6:00—22:00,夜间为22:00—次日 6:00。企业按照设计日生产时间填写,如图 3-65 所示。

图 3-65　工业噪声排放信息执行标准填报截图

工业噪声排放许可管理要求:厂界噪声点位名称,根据企业实际,自行编辑。一般可按照东、南、西、北常规的厂界划分确定,也可以结合企业日常习惯编辑。

厂界外声环境功能区类别,按照《工业企业厂界环境噪声排放标准》(GB 12348—2008)填报。工业噪声排污单位若位于未划分声环境功能区的区域,当厂界外有噪声敏感建筑物时,依法依规参照《声环境质量标准》(GB 3096—2008)和《声环境功能区划分技术规范》(GB/T 15190—2014)的规定确定厂界外区域的声环境质量要求,据此确定厂界外声环境功能区类别。选择厂界外声环境功能区类别后,工业噪声许可排放限值会自动带出,无须编辑,如图 3-66 所示。

(3) 工业噪声排放许可管理要求

点击右上角"添加"按钮,填报工业噪声排放许可管理要求的相关信息 → 添加

厂界噪声点位名称	厂界外声环境功能区类别	工业噪声许可排放限值 dB(A)				操作
		昼间	夜间			
		等效声级	等效声级	频发噪声最大声级	偶发噪声最大声级	
厂界北侧	3	65	55	65	70	编辑 删除
厂界西侧	3	65	55	65	70	编辑 删除
厂界南侧	3	65	55	65	70	编辑 删除
厂界东侧	3	65	55	65	70	编辑 删除

图 3-66　工业噪声排放许可管理要求填报截图

自行监测要求:工业噪声排污单位自行监测指标为有代表性时段的厂界昼间等效声级(L_{eq})、夜间等效声级(L_{eq})、夜间频发噪声最大声级(L_{max})及夜间偶发噪声最大声级(L_{max})。工业噪声自行监测要求如图 3-67 所示。

有行业自行监测技术指南的,监测频次按照行业自行监测技术指南中最低监测频次执行;无行业自行监测技术指南的,或行业自行监测技术指南未规定的,按照《排污单位自行监测技术指南 总则》(HJ 819—2017)执行,如图 3-68 所示。

(4) 自行监测要求

点击右上角"添加"按钮，填报自行监测的相关信息 → 添加

厂界噪声点位名称	监测指标	监测技术	自动监测是否应联网	手工监测频次	操作
厂界东侧	等效声级	手工	否	1次/季	编辑 删除
厂界南侧	等效声级	手工	否	1次/季	编辑 删除
厂界西侧	等效声级	手工	否	1次/季	编辑 删除
厂界北侧	等效声级	手工	否	1次/季	编辑 删除

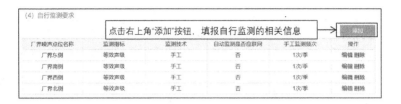

图 3-67　工业噪声自行监测要求填报截图

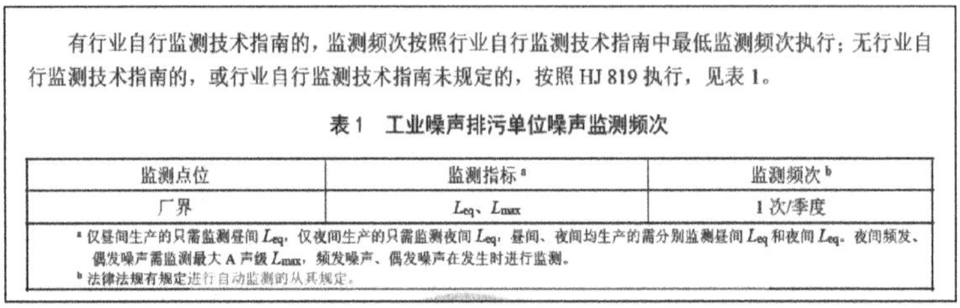

有行业自行监测技术指南的，监测频次按照行业自行监测技术指南中最低监测频次执行；无行业自行监测技术指南的，或行业自行监测技术指南未规定的，按照 HJ 819 执行，见表 1。

表 1　工业噪声排污单位噪声监测频次

监测点位	监测指标 [a]	监测频次 [b]
厂界	L_{eq}、L_{max}	1 次/季度

[a] 仅昼间生产的只需监测昼间 L_{eq}，仅夜间生产的只需监测夜间 L_{eq}，昼间、夜间均生产的需分别监测昼间 L_{eq} 和夜间 L_{eq}。夜间频发、偶发噪声需监测最大 A 声级 L_{max}，频发噪声、偶发噪声在发生时进行监测。
[b] 法律法规有规定进行自动监测的从其规定。

图 3-68　工业噪声排污单位噪声监测频次要求截图

(14) 环境管理要求—自行监测要求

有行业排污单位自行监测技术指南的，应根据监测技术指南填报自行监测信息；无行业排污单位自行监测技术指南的，应根据行业排污许可证申请与核发技术规范和《排污单位自行监测技术指南 总则》(HJ 819—2017)填报自行监测信息。对于 2015 年 1 月 1 日(含)后取得环境影响评价文件审批、审核意见的排污单位，其环境影响评价文件及其审批、审核意见中有其他自行监测管理要求的，应当同步完善排污单位自行监测。

有组织燃烧类废气监测内容应为氧含量、烟气流速、烟气温度、烟气含湿量、烟气压力，非燃烧类应为烟气流速、烟气温度、烟气含湿量、烟气压力。自动监测时应填报故障期间手工监测信息，废气监测频次为 1 日/次。有组织废气自行监测要求填报如图 3-69 所示。

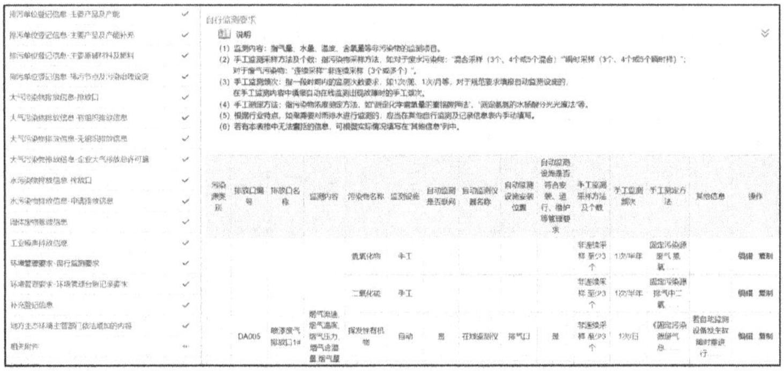

图 3-69　有组织废气自行监测要求填报截图

废水监测内容为"流量",自动监测时应填报故障期间手工监测信息,废水监测频次为 4 次/日。废水自行监测要求填报如图 3-70 所示。

污染源类别/监测类别	编号/监测点位	名称	监测内容	污染物名称	监测设施	自动监测是否联网	自动监测器名称	自动监测设施安装位置	手工监测采样方法及个数	手工监测频次	手工测试方法	其他信息	操作
				pH值	自动	是	苏州立天P90	排放口	是	瞬时采样至少3个瞬时样	4次/日	水质 pH 值的测定……	自动监测设备故障时采用手工监测……	编辑 复制
				悬浮物	手工					瞬时采样至少3个瞬时样	1次/半年	水质 悬浮物的测定……		编辑 复制
				五日生化需氧量	手工					瞬时采样至少3个瞬时样	1次/半年	水质 五日生化需氧量……		编辑 复制
				化学需氧量	自动	是	COD在线监测仪	排放口	是	瞬时采样至少3个瞬时样	4次/日	水质 化学需氧量的测……	自动监测设备故障时采用手工监测……	编辑 复制
废水	DW002	总排口	流量	总氮(以N计)	手工					瞬时采样至少3个瞬时样	1次/半年	水质 总氮的测定碱……		编辑 复制

图 3-70　废水自行监测要求填报截图

无组织废气、雨水、土壤、地下水监测信息在其他自行监测及记录信息中自行添加,其监测要求填报分别如图 3-71、图 3-72,图 3-73 所示。无组织废气监测内容为温度、风速、风向。监测指南要求监测土壤、地下水的或者属于土壤、地下水重点排污单位的企业,应填报土壤地下水监测信息。

污染源类别/监测类别	编号/监测点位	名称	监测内容	污染物名称	监测设施	自动监测是否联网	自动监测器名称	自动监测设施安装位置	自动监测设施是否符合安装、运行、维护等管理要求	手工监测采样方法及个数	手工监测频次	手工测试方法	其他信息	操作
	MF0130		温度、风速、风向	非甲烷总烃	手工					非连续采样至少3个	1次/年	环境空气 总烃、甲烷……		编辑 删除
废气	厂界		温度、风速、风向	挥发性有机物	手工					非连续采样至少3个	1次/半年	环境空气 总烃、甲烷……	环评监测要求,以甲烷总烃表征……	编辑 删除
				颗粒物	手工					非连续采样至少3个	1次/半年	环境空气 总悬浮颗粒……		编辑 删除
				pH值	手工					瞬时采样至少3个瞬时样	1次/月	水质 pH值的测定……	雨水排放口有流动水排放时按月监……	编辑 删除
废水	DW002	雨水排放口	流量	悬浮物	手工					瞬时采样至少3个瞬时样	1次/月	水质 悬浮物的测定……	雨水排放口有流动水排放时按月监……	编辑 删除
				化学需氧量	手工					瞬时采样至少3个瞬时样	1次/月	水质 化学需氧量的测……	雨水排放口有流动水排放时按月监……	编辑 删除

图 3-71　无组织废气、雨水自行监测要求填报截图

土壤	监测点位	重点监测单元内部或周边	pH值,重金属	氯乙烯	手工		柱状采样法	1次/年	《土壤和沉积物挥发性……	监测频次要求:表层土壤1次/年……	编辑 删除
				1,1-二氯乙烯	手工		柱状采样法	1次/年	《土壤和沉积物挥发性……	监测频次要求:表层土壤1次/年……	编辑 删除
				1,2-二氯乙烯	手工		柱状采样法	1次/年	《土壤和沉积物挥发性……	监测频次要求:表层土壤1次/年……	编辑 删除
				三氯乙烯	手工		柱状采样法	1次/年	《土壤和沉积物挥发性……	监测频次要求:表层土壤1次/年……	编辑 删除
				四氯乙烯	手工		柱状采样法	1次/年	《土壤和沉积物挥发性……	监测频次要求:表层土壤1次/年……	编辑 删除

图 3-72　土壤自行监测要求填报截图

地下水	监测井	受监测的重点单元污染物运移路径下游	色度,浑浊度,嗅和味	亚硝酸盐	手工		监测井采样法	1次/半年	水质亚硝酸盐氮的测定	监测频次要求:一类单元1次/半……	编辑 删除
				硝酸盐(以N计)	手工		监测井采样法	1次/半年	水质 无机阴离子	监测频次要求:一类单元1次/半……	编辑 删除
				氰化物	手工		监测井采样法	1次/半年	生活饮用水标准检验方	监测频次要求:一类单元1次/半……	编辑 删除
				氟化物(以F-计)	手工		监测井采样法	1次/半年	水质 无机阴离子	监测频次要求:一类单元1次/半……	编辑 删除
				碘化物	手工		监测井采样法	1次/半年	水质 碘化物的测定	监测频次要求:一类单元1次/半……	编辑 删除

图 3-73　地下水自行监测要求填报截图

　　监测质量保证与质量控制要求和监测数据记录、整理、存档要求可根据排污许可证申请与核发技术规范中的相关要求填报,如图 3-74 所示。

监测质量保证与质量控制要求:

按照《排污单位自行监测技术指南 总则》(HJ 819-2017),排污单位应当根据自行监测方案及开展状况,梳理全过程监测要求,建立自行监测质量保障与质量控制体系。

监测数据记录、整理、存档要求:

监测期间,监测记录按照《排污单位自行监测技术指南 总则》(HJ 819-2017)执行。应同步记录监测期间的生产工况。台账保存期限不少于5年。

图 3-74　监测质量保证与质量控制要求和监测数据记录、整理、存档要求填报截图

监测点示意图应包含监测要求中的所有监测点位,其中厂界无组织监测点根据风向确定,可在图中备注"厂界无组织废气监测点位根据监测期间的风向布设点位,上风向 1 个点,下风向 3 个点",如图 3-75 所示。

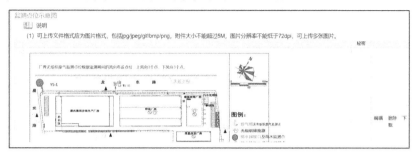

图 3-75　监测点位示意图截图

（15）环境管理要求—环境管理台账记录要求

应按照技术规范要求填报环境管理台账记录内容和频次等要求。

如图 3-76 所示,填报的信息类别包含基本信息、生产设施运行管理信息、污染防治设施运行管理信息、监测记录信息、其他环境管理信息（无组织、特殊时段）等 5 类。台账记录内容应填报完整,具体内容根据企业自身情况填写。记录频次应符合规范要求,与记录内容须对应。记录形式选择"电子台账＋纸质台账"。"其他信息"栏中应注明:台账至少保存 5 年。

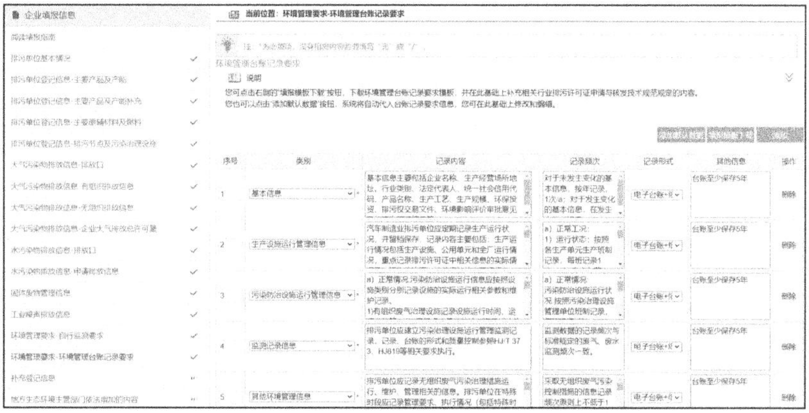

图 3-76　环境管理台账记录要求填报截图

其中涉及工业固体废物和工业噪声的企业,应填写工业固体废物和工业噪声监测环境管理台账,如图 3-77 所示。

图 3-77 工业固体废物和工业噪声监测环境管理台账填报截图

（16）补充登记信息

补充登记信息的填写内容与登记管理表格一致。若企业含有多个行业，其中有的行业需要领证，有的行业未登记管理，需填报补充登记信息。补充登记信息表填报如图 3-78 所示。

图 3-78 补充登记信息表填报界面截图

（17）地方生态环境主管部门依法增加的内容

噪声排放信息：已作废，根据《排污许可证申请与核发技术规范 工业噪声》（HJ 1301—2023），此表格可删除，且不在申请表、副本中列出。

有核发权的地方生态环境主管部门增加的管理内容：该部分可根据地方规定添加相应内容。

改正规定：若有改正问题的，需填报改正规定信息表。由企业自行对照技术规范要求，提出需要改正的内容及改正时限，由地方生态环境主管部门审核并最终决定改正措施及时限。具体见图 3-79。

（18）相关附件

附图：上传排污单位生产工艺流程图、生产厂区总平面布置图、雨水和污水管

图 3-79　地方生态环境主管部门依法增加的内容截图

网平面布置图、监测点位示意图等。上传的图件应清晰可见,图例明确。生产工艺流程图应包括主要生产设施(设备)、主要生产工艺流程、主要原辅材料和产排污节点等内容。生产厂区总平面布置图应包括主体设施、公辅设施、废气处理设施、废水处理设施等,并标注废气主要排放口、一般排放口和无组织排放的生产单元。

　　附件:应上传守法承诺书、排污口和监测孔规范化设置情况说明材料、符合建设项目环境影响评价程序的相关文件或证明材料、达标证明材料(说明包括环评、监测数据证明、工程数据证明等)、自行监测相关材料、排污许可证申领信息公开情况说明表及其他必要的说明材料,如未采用可行技术但具备达标排放能力的说明材料。许可排放量计算过程应详细、准确,计算方法及参数选取应符合规范要求,应体现与总量控制要求取严的过程,2015 年 1 月 1 日(含)及之后通过环评批复的,还要与批复要求进一步取严。具体见图 3-80。

图 3-80　相关附件界面截图

（19）提交申请

许可申请模块所有信息填写完成后，点击"提交"按钮，如图3-81所示，确认提交后，业务申请填报完成，申报信息提交给管理部门审核。排污单位在提交申请页面，可下载排污许可证申请表。

企业可在许可证申请页面随时查看业务办理的审核状态，系统也会根据业务办理情况在"消息中心"栏目中发送信息通知。

审核状态说明：

图3-81　提交申请界面截图

未提交：已填写申请，但还未提交，可点击操作列的"继续申报"按钮完成业务申报。

已提交等待受理：排污单位的许可证业务申请已提交成功，等待受理中。

审批中：排污单位的许可证业务申请已受理，正在审批环节。

审批通过：排污单位的许可证业务申请已审核通过，如图3-82所示，排污单位可在各地规定期限内去相关部门领取审批意见和排污许可证正、副本。

图3-82　审批通过界面截图

补正:排污单位业务办理资料不全,须补齐资料后再次提交申请。

不予受理:如企业提交审批部门有误,审批部门打回不予受理。

审批不通过:排污单位不符合《排污许可管理条例》有关规定,不予办理排污许可证。

3.3.5 许可证变更、重新申请、延续

3.3.5.1 许可证变更

（1）许可证基础信息变更

根据《排污许可管理条例》第十四条相关规定,"排污单位变更名称、住所、法定代表人或者主要负责人的,应当自变更之日起 30 日内,向审批部门申请办理排污许可证变更手续"。

需变更基本信息的企业在"许可证变更"中的"许可证基本信息变更"模块申领许可证,如图 3-83 所示。

（2）许可证变更

根据《排污许可管理条例》第十六条相关规定,"排污单位适用的污染物排放标准、重点污染物总量控制要求发生变化,需要对排污许可证进行变更的,审批部门可以依法对排污许可证相应事项进行变更"。

（a）

（b）

图 3-83 "许可证变更"和"许可证基本信息变更"模块截图

变更基本信息外的其他情况的企业在"许可证变更"中的"许可证变更"模块申领许可证，如图 3-84 所示。操作步骤参照"许可证申请"办理流程。

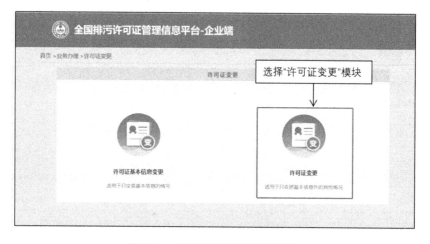

图 3-84 "许可证变更"模块截图

3.3.5.2　许可证重新申请

根据《排污许可管理条例》第十五条相关规定，"在排污许可证有效期内，排污单位有下列情形之一的，应当重新申请取得排污许可证：（一）新建、改建、扩建排放污染物的项目；（二）生产经营场所、污染物排放口位置或者污染物排放方式、排放去向发生变化；（三）污染物排放口数量或者污染物排放种类、排放量、排放浓度增加"。

　　需重新申请许可证的企业在"许可证重新申请"模块申领许可证,如图 3-85 所示,操作步骤参照"许可证申请"办理流程。

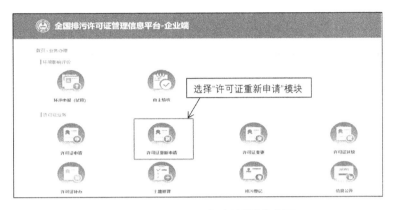

图 3-85　"许可证重新申请"模块截图

3.3.5.3　许可证延续

　　根据《排污许可管理条例》第十四条相关规定,"排污许可证有效期为 5 年。排污许可证有效期届满,排污单位需要继续排放污染物的,应当于排污许可证有效期届满 60 日前向审批部门提出申请。审批部门应当自受理申请之日起 20 日内完成审查;对符合条件的予以延续,对不符合条件的不予延续并书面说明理由"。

　　需申请许可证延续的企业在"许可证延续"模块办理,如图 3-86 所示。

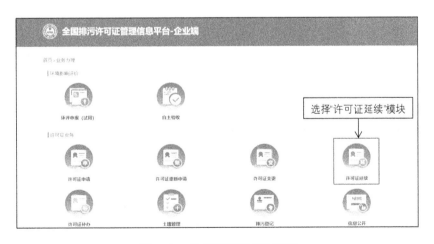

图 3-86　许可证延续模块截图

第 4 章

常见疑难问题百问百答

4.1　排污许可问答系列[*]

对排污许可工作中的常见问题进行整理,为了节省篇幅只整理了核心问答内容。

部分问题明确引用了当地的政策或标准文件,即说明该回复仅限于当地的情况,但是对应的回复内容及判定逻辑同样可以供初学者在工作中学习、参考。

4.1.1　排污许可总量核发依据

问题:

甲企业在确保污染物排放达标及总量控制要求下对一套环保设施进行了提标改造。然而,改造后的实际减排量低于环评预期,且实际排放浓度高于环评报告所提出的排放浓度。面对此情况,存在两个主要疑问:首先,这种情况下的改造是否能够通过环保验收;其次,在更新排污许可证时,应当以哪种排放量为准,现有排污许可证核定的排放量、实际排放量,还是提标改造环评报告中给出的排放量?

回复及解读:

关于验收:

依据《建设项目竣工环境保护验收暂行办法》,环境保护设施必须满足环境影响报告书(表)及其审批要求,并且达到国家及地方的环境保护标准。若环保设施未经验收或验收不合格,则不得投入生产或使用。

关于更换排污许可证:

根据《排污许可管理办法》,任何新建、改建或扩建项目都需在获得环境影响评价审批意见后,及时申请变更排污许可证。排污许可证的核发依据是核发部门根据行业污染物允许排放量的核算方法和环境质量改善要求来确定的许可排放量。

4.1.2　建设项目环评与排污许可证事后监管的执法依据及要求

问题:

在《关于强化建设项目环境影响评价事中事后监管的实施意见》背景下,排污许可证在事后监管阶段的具体作用和检查要求,特别是环保部门如何在事后现场执法检查中体现与排污许可证的联系及其检查要求。

---

[*]　本节中的地方标准均以江苏为准。

回复及解读：

排污许可制度是管理固定污染源的核心，目的是加强企事业单位的责任感和生态环境主管部门的监管力度。

监管与执法要求：根据《控制污染物排放许可制实施方案》，排污许可证成为企事业单位受环境监管的关键文书。生态环境主管部门将依据排污许可证执行事中事后监管，专注于检查许可事项的实施情况。《排污许可管理办法》第四十一条明确了监督检查中应重点关注排污许可证的执行情况。生态环境主管部门还需至少年度一次进行现场核查，主要排查排污单位运营状况与排污许可证规定的一致性。

环评与排污许可证的衔接：建设项目的环境影响评价在事中事后监管中应结合排污许可证进行，确保现场检查覆盖环评和排污许可证的要求。这种做法旨在确保建设项目在实施过程中和之后都能遵守环保法规和标准，通过紧密连接环评和排污许可证的要求，加强事后监管的有效性。

4.1.3 电镀镀铬是否对铬酸雾申请铬的总量

问题：

电镀镀铬行业对铬酸雾排放的处理，是否需要为电镀废气中的铬酸雾申请废气中铬的总量排放许可？

回复及解读：

电镀废气中铬酸雾比例较小，排放的铬浓度经净化后很低。依据《排污许可证申请与核发技术规范 电镀工业》（HJ 855—2017），不需明确废气中总铬或六价铬的许可排放量。铬酸雾未纳入重金属污染物排放总量控制范围，无需申请铬的总量排放许可。

4.1.4 关于污水排放标准的调整

问题：

印染企业污水排放标准的调整问题。

印染企业目前执行 COD（化学需氧量）200 mg/L 的间接排放标准，是否可以修改为 COD 500 mg/L？

回复及解读：

依据《排污许可证申请与核发技术规范 纺织印染工业》（HJ 861—2017）和《纺织染整工业水污染物排放标准》（GB 4287—2012），若工业园区污水处理厂能处理高 COD 水平的污水，且能保证满足要求，则印染企业间接排放 COD 可调整为 500 mg/L。

4.1.5　无工业废水废气排放企业是否纳入排污许可

问题：

某公司无工业废水、废气排放，是否纳入排污许可管理？

回复及解读：

《固定污染源排污许可分类管理名录（2019 年版）》基于行业特点决定管理方式。不可类推其他行业规定，各行业是否纳入管理应依据具体规定决定。

4.1.6　关于深化排污权交易试点的建议

建议：

建议组织两个省级排污权交易试点，解决问题，创新交易思路。

回复及解读：

正在推动排污权交易改革，重点在排污权交易与排污许可及总量控制等制度的衔接，计划开展试点工作，总结经验，完善政策体系。政府角色明确，鼓励二级市场发展，以排污许可证确权排污权，完善排污权核定工作。

4.1.7　果脯厂排污许可类别

问题：

果脯生产企业，无独立废水处理设施，废水排至另一家果脯厂处理后排入污水处理厂，如何确定排污许可证类别？

回复及解读：

根据《固定污染源排污许可分类管理名录（2019 年版）》，果脯生产属于食品制造业，根据工艺分为重点管理、简化管理和登记管理三类，具体类别需根据通用工序管理要求确定。

4.1.8　生活垃圾焚烧炉渣处置

问题：

生活垃圾焚烧产生的炉渣是否属于危险废物及其在申请排污许可证时的分类？

回复及解读：

生活垃圾焚烧炉渣不属于危险废物，申请排污许可证时应按《固定污染源排污许可分类管理名录（2019 年版）》中的"废弃资源综合利用业"分类，具体为含水洗工艺的其他废料和碎屑加工处理,按简化管理办理。

4.1.9　排污许可填报及自行监测

问题:

齿轮制造企业涂装工序中甲苯、二甲苯的填报及监测,是否可删除甲苯、二甲苯污染物种类? 监测要求如何?

回复及解读:

根据相关技术规范,涂装工序的污染物包括甲苯、二甲苯等,需要根据环评文件和地方排放标准确定特征污染物。填报时不可遗漏甲苯、二甲苯,需按规范识别和监测污染物。

4.1.10　针对印刷和记录媒介复制企业的排污许可证申领问题

问题:

企业增加了废液固化蒸馏设施,用于处理危险废液。在申领排污许可证过程中,是否应以该设备行业类别进行管理?

回复及解读:

废液固化蒸馏设施作为主要生产设施之一,应在排污许可证中明确载明。

企业若仅处理自身产生的危险废物,无需按照危险废物处理行业的管理类别进行判断,可按照其主行业"印刷和记录媒介复制业"进行判断。

4.1.11　工业园区工业污水处理厂污泥处理属性鉴定

问题:

是否需要对化工园区工业污水处理厂产生的污泥进行鉴定,以确定其是否属于危险废物还是一般固废,并据此选择合适的处理方式?

回复及解读:

企业需根据环境影响评价(环评)文件和排污许可证来明确污泥的属性。

如果环评文件和排污许可证中未明确污泥属性,则需要由属地相应文件审批部门重新核定废物属性或提出鉴别要求。

4.1.12　排污许可证申领与环评文件的关系

问题:

由于油站被划入城市建成区范围,需要申领排污许可证。油站在多年前建立时未进行环评,但已办理环保"登记一批"手续。此环保登记是否可以替代环评进行排污许可证的申请？

回复及解读：

根据《排污许可管理条例》第七条和第十一条第一款,颁发排污许可证的前提条件之一是依法取得建设项目环境影响报告书(表)批准文件,或已办理环境影响登记表备案手续。

建议在完善相关环评手续后,再申请办理排污许可证。

此回复强调了排污许可证的颁发与环评文件紧密相关。油站需完善环评手续后方可申请排污许可证,环保"登记一批"不可直接替代环评。

4.1.13 项目收购后环境批复及排污许可证的处理方式

问题：

是否需要在公司收购后变更或重新办理环评批复、验收手续以及排污许可证？

回复及解读：

环评批复和验收有效性：项目收购后,原环评批复和验收手续继续有效,因为环评是针对建设项目本身而非项目所有者。

排污许可证变更：需要变更排污许可证中的单位名称、法定代表人等信息,但无需重新办理,保证信息准确性。

该回复明确指出,在项目收购情形下,环评批复和验收手续无需重新办理,只需在排污许可证上做相应企业信息的变更。

4.1.14 通过变动影响分析降低排气筒高度的可行性

问题：

在环评验收时是否可以通过变动影响分析来降低排气筒高度？

回复及解读：

重大变动规定：排气筒高度降低 10% 及以上视为重大变动,需重新报批环评。

非重大变动处理：若变动不超过 10%,通过编制一般变动分析并公开,可作为环保验收的一部分,并须申领变更排污许可证。

此答复表明,排气筒高度的调整需要根据是否构成重大变动来决定处理方式,不超过 10% 的调整可通过一般变动分析来处理。

4.1.15 天然气热风炉的排放标准执行

问题：

新建天然气热风炉应遵循的排放标准。

回复及解读：

热风炉分类：属于工业炉窑，应执行特定行业标准或地方标准。

排放标准执行：首选行业标准，无特定标准时遵循江苏省工业炉窑排放标准，且环评批复和排污许可证中若有更严格要求，则应按照这些要求执行。

答复强调了在缺少特定行业标准的情况下，热风炉的排放应遵循地方或更严格的排放标准。

4.1.16 企业分立后环评审批及排污许可证办理指导

问题：

企业分立后是否需要重新编制环评文件并完成审批，以及如何办理排污许可证？

回复及解读：

环评要求：企业分立不影响原环评批复的执行，无需重新办理环评。

排污许可证办理：分立后的企业需分别申报排污许可证，并加强管理。

此回复指导了企业在分立过程中，原环评继续有效的情况下如何处理排污许可证，强调了分立企业需要单独申报排污许可证的要求。

4.1.17 项目转让后环评及排污许可证的处理要求

问题：

项目被收购后，其环评、验收、排污许可证是否需要变更或重新办理？

回复及解读：

回复未直接提供，但根据相关规定和实践，一般而言，项目在被收购后，若不改变其运营的性质、规模和工艺，则环评和验收结果可能不需变更。但排污许可证因涉及具体的排放主体，需要按照相关环保规定进行变更或重新申请，以确保新的企业主体能合法合规地进行污染物排放。

4.1.18 排污许可证执行月报的填报要求

问题：

排污许可证月报中是否需要填报未在许可证中许可的污染物排放量，以及如何处理无法计算的排放量？

回复及解读：

根据《排污单位环境管理台账及排污许可证执行报告技术规范 总则（试行）》（HJ 944—2018），未在排污许可证中许可的污染物排放量可不在执行报告中填报。这表明，在执行月报填报时，企业应专注于许可证内明确许可的污染物排放量，对于未被许可的污染物，无需强制报告其排放量，这也简化了报告过程，减轻了企业的负担。

4.1.19　热电厂掺烧污泥的排污许可处理建议

问题：

热电厂掺烧污泥时，应依照哪一技术规范申请排污许可，是《火电行业排污许可证申请与核发技术规范》还是《排污许可证申请与核发技术规范 生活垃圾焚烧》（HJ 1039—2019）？

回复及解读：

由于企业掺烧的污泥比例未达到《生活垃圾焚烧污染控制标准》（GB 18485—2014）所述的 30%门槛，因此不适用于生活垃圾焚烧的规范。企业应依据《火电行业排污许可证申请与核发技术规范》申请排污许可证。

这一指导明确了在处理特定情况下的排污许可申请时，应如何正确选择适用的技术规范，确保排污许可的申请与核发工作能够顺利进行。

4.1.20　无尘车间项目转让后环评及排污许可证的变更要求

问题：

A 公司将通过环评验收的无尘车间转让给 B 公司，B 公司是否需要重新办理环评手续及其他相关变更手续？

回复及解读：

根据《中华人民共和国环境影响评价法》第二十四条，如果项目转让后不改变性质、规模、地点和生产工艺，则原环评及批复仍有效，无需重新办理环评。但转让后的公司需要按照规范申请排污许可证的变更。

这一回复指导了企业在项目转让后如何合法合规地处理环评和排污许可证的相关手续，减少了企业在项目转让过程中可能面临的法律和行政障碍。

4.1.21　饲料企业锅炉变更项目的环评和排污许可证要求

问题：

饲料企业计划将生物质锅炉（2 t/h）变更为天然气锅炉（2 t/h），如何管理锅炉变更项目？是否需要编制环评文件？

回复及解读：

项目变更管理：锅炉变更项目需要按照《建设项目环境影响评价分类管理名录(2021年版)》进行环评管理。生物质锅炉变更为天然气锅炉，属于环评管理范围内的活动。

环评和排污许可证要求：变更后的项目需编制环评报告，并重新申请排污许可证。这确保了项目变更后能继续遵守环保法规，保护环境安全。

4.1.22　纺丝树脂熔融废气排放标准

问题：

企业使用聚对苯二甲酸乙二醇酯(PET)树脂进行化纤纺丝，需执行怎样的工艺废气排放标准？

回复及解读：

排放标准适用情况：PET树脂熔融工序的废气排放应执行合成树脂标准，不属于纺丝、后处理工序专用的排放标准范围。

执行标准：企业应遵循合成树脂行业的排放标准，而非纯纺丝或后处理工序的排放标准。这有助于确保化纤纺丝行业的废气排放符合国家和地方环保要求。

4.1.23　大气综合排放标准中厂内无组织点位设置

问题：

企业如何确定厂内无组织排放监测点位的数量，是否依据有组织排放数量或其他具体标准？

回复及解读：

无组织排放与有组织排放：无组织排放点位的设置不能简单依据有组织排放口数量，应根据环境管理的具体要求和相关文件规定来确定。

确定无组织排放点位：无组织排放点位数量应基于环境管理要求、环评报告书等文件中的规定。这指导企业在无组织排放点位设置上采取更合理和科学的方法，以便更准确地评估和控制无组织排放。

4.1.24　排污许可证申请和竣工验收的衔接指南

问题：

是否在环评批复后就应开始申请排污许可证，以及如果在建设未完成时已取得排污许可证的情况是否算作违规?

回复及解读:

排污许可证申请时机:企业应在环评批复后、竣工环境保护验收前的建设过程中申请排污许可证。对于建设项目的一般变动,也应纳入排污许可和竣工环境保护验收管理。

环评与建设项目开工:环境影响评价文件的审批是建设项目开工的前提条件。对于实际建设与排污许可证不符的情况,建议在竣工环境保护验收过程中进行判断。如不构成重大变动,编制变动分析材料并纳入验收;如构成重大变动,则需要重新编制环评文件。

4.1.25　关于江苏省排污权交易平台的运行和相关规定

问题:

热电联产机组供热部分的排污权交易方式以及特定行业(如污水处理、环境治理等)的排污权获取方式。

回复及解读:

热电联产机组供热部分排污权交易:热电联产机组供热部分的富余排污权,如果符合交易条件,可以通过江苏省排污权交易平台进行交易。这为热电联产机组提供了灵活的排污管理方式,促进了污染减排和能源利用效率的提升。

特定行业排污权获取方式:特定行业如污水处理、环境治理等,可通过排污许可证直接获得排污权,无需通过交易平台。这一措施简化了这些行业的排污权获取流程,有助于加快项目实施和提高环境管理效率。

排污权交易方式:所有排污权交易必须通过官方的排污权交易平台进行,禁止线下交易,确保了交易的公开、透明和规范,有利于维护市场秩序,促进环境资源的合理配置。

4.1.26　关于苏环办〔2021〕122 号文的疑问

问题:

竣工环保验收前后,不符合环评文件项目的处理方式。

回复及解读:

竣工环保验收前后项目变动处理:若项目变动不涉及重大变化,则无需重新报批环境影响评价文件,而是应按照一般变动环境影响分析处理。这降低了项目调整的复杂度和成本,提高了项目执行的灵活性。

环境影响后评价:不符合经审批环境影响评价文件的项目,根据苏环办

〔2021〕122号文,无需开展单独的环境影响后评价工作。这减少了企业的后续评价负担,简化了环境管理流程。

4.1.27　排污权交易的具体过程解析

问题:

排污权交易是在申领排污许可证的过程中进行还是成功申领后?新建企业是否有基础排污权配额?

回复及解读:

排污权交易时机:排污权交易是在成功申领排污许可证后进行的,以排污许可证内的许可排放量为交易基础。这确保了企业在进行排污权交易时,已经有明确的排放标准和许可基础,增加了交易的合规性和透明度。

新建企业排污权配额:新建企业需通过排污权交易获取新增排污权,意味着企业的排污活动必须基于市场机制和环保要求来进行,促进了环保资源的合理分配和有效利用。

4.1.28　申领排污许可证的资格问题

问题:

仅获得"三个一批"手续的企业是否能申领排污许可证?

回复及解读:

申领排污许可证资格:根据《排污许可管理条例》第十一条,企业必须依法取得环评文件批准或备案,才能申领排污许可证。

这强调了环评程序在排污许可证申领过程中的重要性,确保了企业在建设和运营过程中符合环保法规和标准,提升了企业的环境管理水平。

4.1.29　排污许可证申报中排气筒合并的污染物排放口位置变化

问题:

企业在排污许可证申报过程中合并了厂区内的排气筒,仅留下一根新建排气筒用于废气排放。这种合并行为是否属于《排污许可管理条例》所指的污染物排放口位置的变化,需不需要重新申请排污许可证?

回复及解读:

根据《排污许可管理条例》,将现有排气筒拆除并合并至一根新建排气筒中进行废气排放的行为,确实被认定为污染物排放口位置的变化。这要求企业必须重新申请排污许可证。同时,提醒企业根据其具体类型,参照《省生态环境厅关于加强涉变动项目环评与排污许可管理衔接的通知》(苏环办〔2021〕122 号)，按规定完善相关手续。

4.1.30 《生物制药行业水和大气污染物排放限值》(DB 32/3560—2019)的执行

问题：

关于《生物制药行业水和大气污染排放限值》(DB 32/3560—2019)的执行及监测相关细节。项目具有两个排放口(DW001 和 DW002)，特别是 DW002 排放口涉及非氮磷生产废水、空调蒸汽冷凝水及生活污水的排放，是否需要设置废水处理设施并遵循 DB 32/3560—2019 的排放限值，以及是否须安装在线监控？

回复及解读：

DW002 排放口确实需要设置废水处理设施，并按照《生物制药行业水和大气污染物排放限值》表 2 中规定的直接排放限值或特别排放限值进行排放。根据《江苏省太湖水污染防治条例》第二十六条，工业污水在向城镇污水处理设施排放前，应进行预处理以达到国家及地方排放标准。同时，建议企业参考行业自监技术指南，设置相应监测指标和监测方式，并咨询地方生态环境部门，按要求安装污染物自动监控设备。

4.1.31 危险废物处理企业含银、镍废水排放口设置标准

问题：

企业处理含贵金属废物和废液，设有专门处理含银、镍第一类污染物的废水处理设施。这种废水处理设施的排放口是否可以视为《污水综合排放标准》(GB 8978—1996)中定义的车间处理设施排放口？

回复及解读：

根据《排污许可证申请与核发技术规范 工业固体废物和危险废物治理》(HJ 1033—2019)，含有第一类污染物的生产废水必须单独收集与处理。因此，企业的含银、镍废水处理设施排放口被认为是车间或生产设施排放口，需遵守《污水综合排放标准》(GB 8978—1996)的相关规定。

4.1.32 企业排污权交易操作及政策解读

问题：

关于排污权交易的具体操作问题：是否只能从持有国家排污许可证的企业

购买排污权？政府或环保部门是否可以直接向企业提供排污权？新项目的排污总量是由政府提供还是需要企业自行购买足量排污权？

回复及解读：

排污权交易必须以持有排污许可证的企业为基础，交易的排放量应明确记载于许可证内。对于新建、改建、扩建项目，应优先从已纳入排污许可管理的单位购买可交易的排污权。此外，建设项目的削减措施应来源于已纳入排污许可管理的排污单位，且建设单位在提交环境影响报告时必须明确污染物区域削减方案。未提交或提交不完整的区域削减措施证明材料将导致排污许可证不被核发，从而禁止建设单位排放污染物。

4.1.33 关于《合成树脂工业污染物排放标准》(GB 31572—2015)中 NMHC 基准排放量的适用性

问题：

是否需要对以合成树脂为原料的制品，在其加工过程中产生的非甲烷总烃(NMHC)执行单位产品基准排放量要求，尤其是对于制品中可能包含的非树脂成分？

回复及解读：

若排污许可证明确将企业划分为合成树脂行业，那么该企业需遵循《合成树脂工业污染物排放标准》(GB 31572—2015，含 2024 年修改单)的相关要求。这意味着，不论产品中是否含有非树脂成分，只要企业被分类为合成树脂行业，其非甲烷总烃的排放就必须符合标准规定。这一回复强调了行业分类的重要性，并指导企业依据其行业属性来确定适用的排放标准。

4.1.34 《固定污染源排污许可分类管理名录(2019 年版)》中的重点排污单位名录解析

问题：

《固定污染源排污许可分类管理名录(2019 年版)》第七条中所提及的"被列入重点排污单位名录的"主要指哪些单位。

回复及解读：

被列入"重点排污单位名录"的单位主要指根据《重点排污单位名录管理规定(试行)》由设区市生态环境部门确定并公开发布的本行政区重点排污单位名录内的企业或事业单位。

这一解释帮助理解名录中的分类标准和重点监管对象，强调了生态环境部门在确定和公布重点排污单位方面的职责,确保透明度和公正性。

4.1.35 纺织企业定型加工环境管理

问题:

一家仅进行涤纶到成品的纺织企业,其生产过程中的定型加工不涉及染色处理,是否必须在有印染定位的园区中进行?

回复及解读:

根据《排污许可证申请与核发技术规范 纺织印染工业》(HJ 861—2017)的定义,印染主要是指对纺织材料进行化学处理的工艺过程,包括前处理、染色、印花、整理等。如果项目不涉及这些工艺,则可以按照纺织企业的标准进行管理。

此回复解释了印染定位的园区和纺织企业生产过程中的定型加工之间的关系,为非染色纺织企业提供了环境管理上的明确指导。

4.1.36 排污许可管理类别咨询:简化管理与重点管理

问题:

针对被列为重点排污企业并认定为土壤环境污染重点监管企业的公司,其排污许可类别是按照简化管理还是重点管理?

回复及解读:

依据《固定污染源排污许可分类管理名录(2019年版)》,根据公司所属的行业分类和具体情况,尽管公司被认定为重点监管对象,但仍属于简化管理类别。

这一回复阐明了即使企业处于重点监管名单中,其排污许可的管理类别仍需根据行业分类和具体规定来确定,强调了分类管理名录在决定管理类别中的应用和重要性。

4.1.37 制药企业排污许可登记管理后续运行管理问题

问题:

在《固定污染源排污许可分类管理名录(2019年版)》发布后,实行排污登记管理的化学药品制剂制造企业,是否需要遵循《排污许可证申请与核发技术规范 制药工业—化学药品制剂制造》(HJ 1063—2019)进行自行监测、台账记录、执行报告等后续运行管理工作?

回复及解读:

官方回复指出,排污许可证申请与核发技术规范主要针对需要申领排污许可证的重点管理和简化管理企业,对于实行排污登记管理的企业,这一规范暂不适用。这意味着实行登记管理的制药企业不必遵循该技术规范中关于自行监测、台账记录、执行报告的要求,这减轻了企业的后续运行管理负担。

这一答复解决了政策与行业标准之间的矛盾,明确了登记管理企业的监管要求较为宽松。

4.1.38 排污许可证到期未续期的处理

问题:

一家企业的排污许可证已到期但未提交延续或注销申请的情况下,发证单位是否可以直接注销该企业的排污许可证? 其法律依据?

回复及解读:

根据《中华人民共和国行政许可法》第七十条的规定,行政机关应依法办理行政许可有效期届满未延续的注销手续。这意味着,如果企业未在排污许可证到期后提交延续或注销申请,发证单位有权依法直接注销其排污许可证。

这一回复明确了行政许可的法律后果,提醒企业注意维护其排污许可证的有效性,以避免可能的法律和经营风险。

4.1.39 企业不同车间相同污染物合并处理

问题:

是否可以将不同生产车间产生的含有同一种第一类污染物的废水合并收集,并由同一套废水预处理设施预处理后进入本项目厂区污水处理站进行综合处理?

回复及解读:

根据《污水综合排放标准》(GB 8978—1996)中的规定,第一类污染物的废水,不论行业和污水排放方式,都必须在各自车间或车间处理设施的排放口处进行采样。

这一回复表明,虽然合并处理废水在技术上可行,但在法规要求下,每个车间的处理和排放情况需要单独监测和记录,以符合污水排放标准的具体要求。这一解释有助于企业更好地理解和遵守废水处理及排放的相关规定,保证环保合规性。

4.1.40 污染物排放口标识牌监制部门填写

问题:

污染物排放口标识牌中"监制部门"存在多种版本,"××环境保护局"是否指地方环境主管部门？目前的标准监制部门名称是否有统一要求？

回复及解读：

根据《排污许可管理条例》的规定，排污单位须按生态环境主管部门规定建设规范化污染物排放口，并设置标志牌，排放口位置、数量、污染物排放方式和去向应与排污许可证相符。建议咨询属地生态环境局，了解具体的标识牌内容和标准。

这说明在污染物排放口标识牌的监制部门填写上，各地可能有不同的规定和要求，企业需要根据属地环境主管部门的具体指导进行操作，确保排污许可的合规性。

4.1.41 排污登记表与排污许可证的区别解析

问题：

在新实施的自由裁量细化规定中，超标排放水污染物条件下，排污登记表是否等同于排污许可证？

回复及解读：

根据《排污许可管理条例》第二十四条根据，排污登记不等同于排污许可证。条例指出，对环境影响较小的单位只需填报排污登记表，而无需申请排污许可证。这一区分明确了环境管理中对不同规模和影响的企业采取差异化的管理策略，减轻了小型企业的行政负担，同时确保了环境保护的有效性。

4.1.42 VOCs 总量管理与环境执法挑战

问题：

在使用低挥发性 VOCs 溶剂的情况下，如何面对环境执法时的 VOCs 总量排放达标问题？超过总量排放的处罚依据是什么？

回复及解读：

根据《排污许可管理条例》第二十八条和第三十四条，如果排污许可证中未体现总量指标，则不属于超总量环境违法查处的范围。

此回复指出，对于 VOCs 排放管理，排污许可证的具体内容成为判断依据，强调了环评和许可过程中明确排放标准和总量控制的重要性，同时也指出了在实际管理中可能存在的灰色地带。

4.1.43 畜禽养殖废水用于农田灌溉的排污许可考量

问题：

规模养殖场的生产废水经处理后用于农田灌溉是否需办理排污许可证？

回复及解读：

根据《固定污染源排污许可分类管理名录（2019 年版）》，如果废水用于农田灌溉且符合资源化利用标准，则可能办理排污许可证。

这强调了废水资源化利用的环保价值，同时也指明了排污许可证申请的依据符合资源化利用标准，而非单纯的排放行为，体现了环保管理在促进资源循环利用方面的努力。

4.1.44 污染物排放口减少对排污许可证的影响

问题：

污染物排放口数量减少是否需要重新申请排污许可证？

回复及解读：

根据《排污许可管理条例》第十五条，如果排放口数量减少，不需要重新申请排污许可证，但建议变更排污许可证。

这一指导反映了排污许可证管理的灵活性，既确保了环境保护的连续性和一致性，又减少了企业因环保设施改进而重新申请许可证的行政负担，体现了环境管理的合理性和高效性。

4.1.45 定义解析与排污许可管理适用性探讨

问题：

《排污许可管理条例》第二条中"其他生产经营者"的具体定义是什么？个人小作坊、农业合作社等非企业事业单位是否属于排污许可管理对象？

回复及解读：

定义解释：《排污许可管理条例》将"其他生产经营者"定义为包括个人小作坊、农业合作社等非企业事业单位，明确这些单位也属于排污许可管理的范畴。

适用性分析：建议单位参考《固定污染源排污许可分类管理名录（2019 年版）》的相关规定，以确定是否纳入排污许可管理。

这一指导意见有助于非企业事业单位判断自身是否需要申请排污许可，从而确保符合国家环保法规要求。

4.1.46 热电联产企业燃煤锅炉排放标准适用性分析

问题：

热电联产企业拥有单台出力 75 t/h 燃煤锅炉，该企业应执行的污染物排放标准，以及《锅炉大气污染物排放标准》适用性。

回复及解读：

标准适用性：热电联产企业的燃煤锅炉应执行《燃煤电厂大气污染物排放标准》(DB 32/4148—2021)，而非专门针对锅炉的排放标准。这一规定明确了对于特定类型的锅炉(如热电联产企业使用的)，适用的标准是按照其行业特性而定的。

适用标准解析：对于不属于热电联产企业的其他燃煤、燃油、燃气和燃生物质的锅炉，则应遵循《锅炉大气污染物排放标准》。

此分析有助于企业正确选择和遵守适当的污染物排放标准，确保合法合规运营。

4.1.47　排污许可证申领和延续条件解析

问题：

环评获批但设备未建设时的排污许可证申请条件，以及停产且设备拆除时排污许可证的延续问题。

回复及解读：

申请条件：建议在主要生产设施和污染防治设施建成后申请排污许可证，以便审批部门能够实地核查污染物排放口位置等信息。

停产企业许可证管理：停产且设备拆除的企业，不再排放污染物的情况下，不予延续许可证。这意味着企业的生产状态与排污许可证的有效性直接相关。

许可证延续的条件：对于设施未建设但已获许可的企业，在排污许可证到期后，应注销现有许可证，并在设施建成后重新申请。这项指导强调了实际排放能力与许可证持有的一致性要求。

4.1.48　竣工环保验收与排污许可证关系阐释

问题：

公司处于竣工环境保护验收阶段但尚未取得排污许可证，是否能够通过竣工环保验收，以及验收合规性？

回复及解读：

验收条件：未取得排污许可证的建设项目不符合竣工环保验收的条件，说明了建设项目在环保验收阶段必须已取得排污许可证，这是验收合格的前提条件之一。

合规性分析：即使验收专家组同意验收通过，未取得排污许可证的行为依然违反相关法规，不符合法定程序和要求。这一点强调了排污许可证在环保管理中的重要性和法律地位。

法律后果：违反《排污许可管理条例》规定的行为，如无证排污，将依法受到行政处理，提醒企业严格遵守环保法规，避免法律风险。

4.1.49　地方与行业污染物排放标准执行优先级探讨

问题：

在塑料制品行业，非甲烷总烃排放应遵循哪一标准，是新实施的《固定污染源挥发性有机物综合排放标准》还是旧有的《合成树脂工业污染物排放标准》（GB 31572—2015）？

回复及解读：

依据《生态环境标准管理办法》第二十四条，地方污染物排放标准在存在冲突时优先于国家污染物排放标准执行。对于同时存在的地方和国家标准，如果行业有特定的国家/地方行业标准，那么这一行业标准将优先于综合型和通用型污染物排放标准。因此，对于塑料制品行业的非甲烷总烃排放，应优先遵循《合成树脂工业污染物排放标准》（GB 31572—2015，含 2024 年修改单），而不是新近实施的综合排放标准。

4.1.50　排污许可名录解析：热力生产和供应范围明确指导

问题：

《固定污染源排污许可分类管理名录（2019 年版）》中的"热力生产和供应"范围是否涵盖自产自用的热力生产？

回复及解读：

依据《2017 年国民经济行业分类注释》，热力生产和供应的定义包括利用各类能源生产蒸汽和热水或外购进行供应销售的活动，以及相关供热设施的维护管理。《固定污染源排污许可分类管理名录（2019 年版）》中的热力生产和供应主要指对外经营性的供热或供气，而不包括企业内部自产自用的热力生产。

这一解释有助于区分经营性热力供应与自产自用热力生产的排污许可需求，为相关企业提供了明确的指导。

4.1.51　氨排放标准评价方法的确认

问题：

《锅炉大气污染物排放标准》（DB 32/4385—2022）中，氨的排放浓度限值是按照小时浓度还是恶臭因子的最大值来评价？

回复及解读：

氨的排放浓度限值应按小时浓度进行评价。这一答复明确了在特定标准下，氨排放的评价方式，有助于企业在进行排放监控和管理时采取正确的测量和评价方法，确保符合规定的排放标准。

4.1.52 国家标准与地方标准中技术要求执行优先顺序的解析

问题：

面对国家标准《固定污染源废气 非甲烷总烃连续监测技术规范》（HJ 1286—2023）与江苏地方标准《固定污染源废气 非甲烷总烃连续监测技术规范》（DB 32/T 3944—2020）技术要求不一致时，应优先执行哪个标准？

回复及解读：

根据《生态环境标准管理办法》第三十一条，当国家标准与地方标准技术要求不一致时，应优先执行国家标准（HJ 1286—2023）。这意味着，一旦国家标准正式实施，原则上地方标准（DB 32/T 3944—2020）不再执行。

这一回复指导了如何在国家标准和地方标准出现技术要求差异时做出选择，确保统一的执行标准，提高监测与管理的一致性。

4.1.53 涂装工序粉末涂料的排放标准解读

问题：

工业涂装工序中粉末涂料喷涂及烘干固化过程产生的颗粒物和有机废气适用标准？烘干固化使用热风炉（天然气加热）的废气执行何标准？

回复及解读：

对于非特定行业（如家具制造、汽车制造等）的涂料成膜工艺产生的颗粒物及有机废气，应执行《工业涂装工序大气污染物排放标准》。而烘干固化过程中使用热风炉产生的废气，则需遵循《工业炉窑大气污染物排放标准》。

此回答明确了涂装工序中不同环节及设备产生废气的适用排放标准，有助于企业准确遵守相关环保法规。

4.1.54 污染源自动监控设备使用年限要求解析

问题：

污染源自动监控设备的使用年限及相关法规变化？

回复及解读：

目前法规未设定污染源自动监测设备的强制报废年限。重点排污单位须安装并维护与生态环境部门联网的水、大气污染物排放自动监测设备。若设备老旧无法正常稳定运行，则应更换。

这项回答帮助企业了解自动监测设备管理的法律要求，指导企业依法合规操作。

4.1.55 铸造工业大气污染物排放标准适用范围讨论

问题：

《铸造工业大气污染物排放标准》(GB 39726—2020)是否适用于铸造脱模过程中产生的非甲烷总烃？

回复及解读：

《铸造工业大气污染物排放标准》(GB 39726—2020)自 2021 年 1 月 1 日起对新建企业执行，现有企业从 2023 年 7 月 1 日起执行。该标准明确适用于铸造脱模过程产生的 NMHC，与表面涂装工序的 NMHC 排放限值不同，特定条件下要求 VOCs 处理设施的处理效率不低于 80%。

此回复有助于铸造行业企业理解并遵守适用的环保标准。

4.1.56 挥发性有机物无组织排放控制标准应用问题解答

问题：

关于《挥发性有机物无组织排放控制标准》(GB 37822—2019)附录 A.2.1 中 VOCs 无组织排放监测位置，特别是厂房门窗状态进行监测存在疑问。

回复及解读：

无组织排放指不通过排气筒直接向大气排放的污染物，监测位置应选在厂区内敞开的门窗或相似开口处。此规定确保了 VOCs 排放监测的准确性和有效性，帮助企业合理设置监测点位，确保环境管理的科学性和规范性。

4.1.57 铸造企业更新排污许可证须遵循新排放标准

问题：

《铸造工业大气污染物排放标准》(GB 39726—2020)实施后，铸造企业，特别是对于环评中推荐执行行业协会标准的企业，在更新排污许可证时应遵循的排放标准？

回复及解读：

新建企业自 2021 年 1 月 1 日起，现有企业自 2023 年 7 月 1 日起，都须按照 GB 39726—2020 执行。这一国家强制标准适用于所有铸造企业，包括那些环评中曾推荐行业协会标准的企业。此标准的实施意味着所有铸造企业在更新排污许可证时,必须遵循最新的国家标准,确保污染排放控制在国家要求的范围内。《工业炉窑大气污染物排放标准》(GB 9078—1996)和《大气污染物综合排放标准》(GB 16297—1996)相关规定不再适用,这强调了环保管理的严格性和统一性。

4.1.58　室内涂装工艺类别定义明确化

问题:

《大气污染物综合排放标准》(DB 32/4041—2021)中,表 1 大气污染物有组织排放限值中提及的"船舶制造预处理及室内涂装工艺"是否仅指船舶制造过程中的室内涂装工艺,还是包括所有行业的室内涂装工艺?

回复及解读:

"船舶制造预处理及室内涂装工艺"在《大气污染物综合排放标准》(DB 32/4041—2021)中指的是船舶制造过程中的室内涂装工艺。这一定义明确化有助于行业内的企业更准确地判断自身的工艺是否属于标准中规定的范畴,从而确保遵守适用的排放限值。

4.1.59　清净下水排放限值的适用性探讨

问题:

反渗透(RO)浓水作为清净下水排入雨水管网是否符合规定的排放标准(COD≤40 mg/L、SS≤40 mg/L)?

回复及解读:

清净下水通常包括间接冷却水、锅炉循环水等,可能含有阻垢剂、杀菌剂等,可能导致化学需氧量、总磷超标。RO 浓水含有高含盐量及其他污染物,不宜通过雨水管网排放。应根据具体废水类别和所属行业,遵守相应排放标准。

4.1.60　城镇污水处理厂甲烷监测点位布设指导

问题:

根据《城镇污水处理厂污染物排放标准》(GB 18918—2002)和(DB 32/4440—2022),甲烷监测点位应设在厂区浓度最高点,所有这些位置是否都需要布设监测点?

回复及解读:

监测点位应设置在厂区内甲烷浓度可能最高的位置,如格栅、初沉池等。

4.1.61 《工业涂装工序大气污染物排放标准》(DB 32/4439—2022)的适用性

问题：

DB 32/4439—2022 标准中"涂覆（含底漆、中涂、面漆、胶）"定义的适用范围？其是否适用于涂料和胶黏剂？

回复及解读：

该标准专门针对涂料工序，适用于涂料排放控制，不包括胶黏剂产品的涂覆、调配、使用、流平和固化等工序。

这表明只有明确标注为涂料的工序才在此标准的管控范围内，胶黏剂的使用及其相关工序则不适用于该标准。

4.1.62 草酸清洗工艺的排污许可类别判断依据

问题：

使用草酸的超声波清洗工艺是否属于酸洗过程，以及是否需要办理简化管理排污证？

回复及解读：

建议基于具体工艺决定是否为弱酸酸洗，若属于此类，则应按《固定污染源排污许可分类管理名录（2019 年版）》实行简化管理。

此建议强调了根据具体情况对排污许可类别进行判断的重要性，且提醒需关注生态环境部的解释和规定。

4.1.63 用地手续对排污许可证延续的影响

问题：

在无用地手续的情况下排污许可证是否可延续，以及相关法律依据？

回复及解读：

延续排污许可证需满足《排污许可管理条例》中的条件，包括环评批准、污染物排放标准、防治设施及自行监测方案等。用地手续的具体影响需参照具体规定。

强调了企业需满足一系列环保标准和条件才能办理排污许可证延续，用地手续是考虑因素之一。

4.1.64　瓦楞纸板加工企业排污许可证类别确认

问题：

瓦楞纸板加工企业生产过程中产生的颗粒物是否属于简化管理或排污登记范畴？

回复及解读：

瓦楞纸板加工企业的废气排放（颗粒物）应按《固定污染源排污许可分类管理名录（2019 年版）》第 38 项实施简化管理。

这说明生产过程中的废气排放需要按照规定实行简化的排污许可管理，强调了对排放类型的具体管理要求。

4.1.65　养猪场废水处理后的排污许可证类别判定

问题：

养猪场废水处理和资源化利用过程是否符合"无污水排放口的规模化畜禽养殖场、养殖小区"的登记管理要求？

回复及解读：

养猪场的废水处理和资源化利用方式符合《固定污染源排污许可分类管理名录（2019 年版）》的规定，应实施登记管理。

这表明对于达标处理后的废水进行资源化利用的养殖场，可按照登记管理的要求进行排污许可的办理，突出了资源化利用在环保管理中的重要性。

4.1.66　大理石加工项目的排污许可管理等级

问题：

大理石加工生产项目是否符合《固定污染源排污许可分类管理名录（2019 年版）》第 64 条进行登记管理的条件？

回复及解读：

大理石加工项目因其特定的生产工序和污染物排放特征，根据《固定污染源排污许可分类管理名录（2019 年版）》的规定，符合实施简化管理的条件。

这意味着，相较于一般管理模式，该项目可享受更为简化的管理和审批流程，体现了对环保资源配置的优化和效率提升。然而，具体操作和解释权归生态环境部所有，建议项目方在有疑问时直接咨询相关部门，确保符合所有规定和要求。

4.1.67　排污许可证延续申请的操作

问题：

面对排污许可证即将到期，且管理平台上无法进行延续申请的操作问题，是否需要采取线下提交申请的方式？

回复及解读：

在排污许可证到期前，排污单位需提前 60 天提交延续申请，以继续其污染物排放活动。面对在线系统操作困难的情况，建议采取直接与审批部门联系的方式，按照《排污许可管理条例》的规定进行申请。

这种情况突显了在数字化管理平台遇到技术问题时，保持与审批部门的沟通渠道畅通是确保合规继续运营的关键。

4.1.68　污染物排放口减少对排污许可证影响的处理建议

问题：

在污染物排放口数量减少的情况下是否需要重新申请排污许可证，尤其是在《排污许可管理条例》对于减少情况未做明确规定的情况下。

回复及解读：

如果排污口数量的减少不符合《排污许可管理条例》中规定的重新申请条件，建议进行排污许可证的变更而非重新申请。这一建议基于法规对于排污活动变化的管理逻辑，旨在指导企业在符合法规的前提下，根据自身变化合理调整许可证状况。企业应结合具体情况判断，必要时寻求专业意见或直接与审批部门沟通，确保合法合规地调整其排污许可状态。

4.1.69　承包养殖场的环评与排污许可继承及改扩建考量

问题：

计划承包一养殖场进行奶牛养殖，是否可以继续使用现有的环评和排污许可，以及未来改扩建时是否需以新公司名义重新办理相关手续？

回复及解读：

在承包现有养殖场的情况下，如果项目的性质、规模等未发生重大变化，可以继续使用现有的环评和排污许可。这减少了重复办理环评和排污许可的需要，简化了手续，有助于保持业务连续性。对于未来的改扩建项目，需要依法重新进行环评和申请排污许可，确保新的项目变化符合环保法规要求。

这表明，企业在发展过程中需密切关注项目变化对环保合规性的影响，并及时调整环评和排污许可状态,以应对法律法规的要求。

4.1.70　查询排污许可证有效期的在线方式

问题:

如何在线查询排污许可证的有效期?

回复及解读:

可以通过全国排污许可证管理信息平台进行排污许可证有效期的查询,其提供了一种便捷的方式让企业和个人能够获取排污许可相关信息,确保了信息的透明度和可访问性。该平台的设计旨在简化查询流程,帮助用户快速找到所需信息,同时也促进了环境监管的有效实施。

4.1.71　白糖分装项目的排污管理类别

问题:

白糖生产公司的分装项目,主要流程包括破碎粗块白糖后分装,无废气废水排放,是否需要进行排污登记?

回复及解读:

针对这种生产过程不产生废气、废水的白糖分装项目,不需要申领排污许可证或填报排污登记表。

这表明对于环境影响较小的生产活动,政策允许一定程度的灵活性和简化处理,从而减轻企业负担,同时保证环境保护的基本要求得到满足。

4.1.72　服装厂排污登记的必要性

问题:

仅使用缝纫机进行服装生产的企业是否需要办理排污登记?

回复及解读:

服装制造业需要根据《固定污染源排污许可分类管理名录(2019 年版)》中的相关条目确定其排污许可管理类别。

这说明,尽管服装厂可能看似对环境影响不大,仍需评估其具体活动和生产过程,以确定是否需要遵循排污许可制度,确保其操作不会对环境造成不当影响。

4.1.73　排污证填报资料咨询

问题:

属于排污登记类别的企业在填报排污登记表时是否需要上传环境管理台账

记录、排污许可证执行报告？是否需要进行自行监测？

回复及解读：

属于排污登记类别的企业需要在全国排污许可证管理信息平台上填报排污登记表，但通常不需填报和上传环境管理台账记录和排污许可证执行报告。关于自行监测的要求，如果有其他环境管理规定明确要求进行自行监测，则必须遵守。

这强调了企业在遵守环境保护法规时需要注意的具体要求，同时也提示企业应根据实际情况和规定进行自我监测，确保其业务活动不会对环境造成负面影响。

4.1.74　单独处罚原则在环保法规中的应用与解析

问题：

是否可以将"未批先建""未验先投"及"未办理排污许可证"这三个违法行为视为竞合，选择一项较重的进行处罚？

回复及解读：

生态环境部明确指出，对于建设项目的"未批先建"和违反环保设施"三同时"验收制度的违法行为，应分别处罚。《排污许可管理条例》也规定了对未取得排污许可证排放污染物的单独的处罚措施。

这意味着，这三种违法行为不应视为竞合，而应根据各自的法律规定分别进行处罚。这种做法旨在强化对环境违法行为的处罚力度，确保环保法律法规的有效实施，促进环境质量的改善。

4.1.75　聚氨酯组合料生产的行业归属及排污许可管理要求

问题：

生产聚氨酯组合料的企业应归属于哪个行业？是否需要办理排污许可证？

回复及解读：

依据《固定污染源排污许可分类管理名录（2019 年版）》，聚氨酯组合原料生产主要涉及的混合和包装过程，归类于实施登记管理而非完整的排污许可证办理。

这表明，只要生产过程不涉及复杂的化学反应，企业可以通过简化的登记管理程序来满足环保要求，而不需经过更为繁琐的排污许可证申请过程。此规定有助于减轻企业的行政负担，同时确保对环境潜在影响的有效监控。

4.1.76　环评文件有效性与排污许可证注销之间的关系

问题：

在排污许可证注销后，原有项目的环评文件是否仍然有效？

回复及解读：

根据相关法律法规，如果建设项目在性质、规模、地点、生产工艺及污染防治措施上没有发生重大变动，即使排污许可证已经注销，原有的环评文件仍然有效。

这意味着，企业可以在不改变项目核心要素的前提下，重新申请排污许可证，而无需重新进行环评审批。这一规定旨在简化行政程序，避免重复办理环评，促进项目的合规快速进行。

4.1.77　建筑固废破碎项目的行业类别确定及排污许可管理

问题：

建筑固废破碎项目应归属于《固定污染源排污许可分类管理名录（2019 年版）》中的哪个行业类别？

回复及解读：

建筑固废破碎项目用于生产建筑材料时，根据《国民经济行业分类》（GB/T 4754—2017）及《固定污染源排污许可分类管理名录（2019 年版）》，应归类为 303 类别的砖瓦、石材等建筑材料制造，并按照第 64 项进行排污许可管理。

这一分类有助于明确项目的环保管理要求，确保在建筑固废的回收和再利用过程中，符合国家对环境保护的规定，促进资源的可持续利用和环境的保护。

4.1.78　为涉及多种管理类别的项目正确申报排污许可证

问题：

当项目涉及渔具制造，生产过程包括工业炉窑（简化管理）以及注塑、表面处理（登记管理），在申请排污许可证时应如何正确填报，是否需要按简化管理整体填报还是针对不同工序分别填报？

回复及解读：

对于包含不同管理类别（简化管理和登记管理）的排污许可证申请，建议按照《固定污染源排污许可分类管理名录（2019 年版）》的要求进行分别申报。具体而言，通用工序（如工业炉窑）需要进行简化管理类的排污许可证申请，而对于注塑和表面处理过程则需要进行登记管理类的相关填报。

这意味着,项目应根据涉及的不同工序和排污许可证管理类别,分别进行相应的申请或填报,确保符合相关规定。建议在申报前咨询当地生态环境部门,获取更具体的指导,以便确保申报的准确性和合规性。

4.1.79 确定橡胶制品制造业在排污许可分类管理名录中的正确类别

问题:

某项目属于《固定污染源排放许可分类管理名录(2019 年版)》中的"其他橡胶制品制造 2919"类别,年耗胶量约为 500 吨。如何根据《固定污染源排污许可分类管理名录(2019 年版)》正确判定其排污许可证类别?

回复及解读:

对于年耗胶量未达到 2 000 吨的"其他橡胶制品制造 2919"项目,根据《固定污染源排污许可分类管理名录(2019 年版)》,应判定为登记管理类别。

这表示该项目在申请排污许可证时应遵循登记管理的要求,确保排污许可的申请和管理符合名录的规定。这一规定帮助排污单位明确其管理类别,确保按照环保要求进行正确的申报和管理。

4.1.80 为贴纸制造项目正确归类并申请排污许可证

问题:

某贴纸制造的项目,涉及柯式印刷、丝印印刷等生产工艺,以及纸张、天那水等原材料使用,在申请排污许可证时如何正确归类及管理?

回复及解读:

贴纸制造项目应根据《固定污染源排污许可分类管理名录(2019 年版)》归类为纸制品制造(223 类别),并按照简化管理要求进行排污许可的申请和管理。

这一归类和管理要求指导项目方在办理排污许可证时,应侧重于纸制品制造相关的规定和要求,确保排污许可的申请过程顺利且符合环保标准。此指导有助于确保项目按照环保法规的要求,正确进行排污管理和监测。

4.1.81 排污许可证持有者在未生产期间的自行监测数据填报要求

问题:

某公司已取得排污许可证,但由于市场环境等因素当年未有生产计划,是否需要在全国污染源监测信息管理与共享平台进行自行监测数据填报？

回复及解读：

根据《排污许可管理条例》，即使在停产期间，排污单位也需要在排污许可证执行报告中报告污染物排放变化情况并说明原因。

这意味着，尽管公司未进行生产活动，仍需按照规定向相关环保管理部门报告非生产状态，并说明具体原因。至于是否需要进行自行监测数据填报，建议咨询相关环保管理部门，以确保遵守所有适用的环保规定和要求，从而合法合规地进行排污许可的管理。

4.1.82　设备更新与环评手续的关联性探究

问题：

企业计划在不改变产品产能和污染物排放量的前提下，更新现有的高能耗设备为多台低能耗设备。在这种设备数量增加且生产工艺有所变动的情况下，是否需重新办理环评手续？

回复及解读：

在设备更新不引起产能扩大或污染物排放增加的情况下，通常不需要重新办理环评手续。项目应依据《排污许可管理条例》适当地进行排污许可证的变更申请，而无需重走环评流程。

这意味着，只要项目的本质属性未发生变化，即使设备数量有所增加，也可以按照现有环评文件和排污许可证进行管理。建议在提交排污许可证变更申请时，详细说明设备更新的情况和对环境影响的评估，以确保符合环保规定。

4.1.83　生活污水处理厂日处理量超设计容量的可行性

问题：

城镇生活污水处理厂设计日处理量为 3 万吨，年排放量为 1 095 万吨。在保证水质达标的前提下，日处理量是否可以临时超过设计容量？

回复及解读：

即使超过设计容量，在不超过年排放总量的前提下，生活污水处理厂可以根据实际需要适度调整日处理量。这种调整应保证不违反环评及排污许可证的规定，并须遵循环境保护、环境应急和安全生产等相关规定。建议与环保部门保持沟通，确保调整符合所有环保要求。

4.1.84　排污许可证中设立多个排放口的条件

问题：

企业有两种不同的生产废水，通过两套废水处理系统处理，是否能在排污许可证中设置两个排放口？

回复及解读：

通常情况下，一个生产经营场所只允许设立一个污水排放口。若因特殊原因需要增设排放口，必须经过环保部门的审核同意。企业在申请增设排放口时，应详细说明两种废水处理设施的特殊情况和合并排放的困难，以便环保部门进行评估和审批。

4.1.85　废塑料熔融造粒项目的排污许可管理类别

问题：

废聚乙烯（PE）塑料薄膜袋熔融造粒项目的排污许可管理类别？

回复及解读：

废塑料熔融造粒项目，根据其工艺流程和产生的废水、废气情况，归类于非金属废料和碎屑加工处理的行业类别，实施简化管理。

这意味着项目在申请排污许可证时，将遵循简化的程序和要求，便于企业更高效地完成环保管理任务。建议企业在办理排污许可证时，准确描述生产工艺和污染防治措施，确保满足环保要求。

4.1.86　手工饺子生产项目是否需办理排污许可证的探讨

问题：

手工制作饺子的项目是否需要申领国家排污许可证？该项目主要涉及手工操作，设备仅有蒸柜。

回复及解读：

根据描述的项目性质，主要为手工操作，设备仅限于蒸柜，初步判断项目不需要申领国家排污许可证。建议用户在项目实施过程中继续遵守相关环境保护规定，并在项目有任何变化时及时与当地环境保护部门进行沟通。

这表明小规模、以手工为主的食品加工活动在特定条件下可免于繁琐的环境管理程序，减轻了小企业的管理负担，同时提醒业者关注环境保护的持续责任。

4.1.87　金属制品行业脱脂炉和烧结炉排污许可证要求分析

问题：

非重点排污单位的金属制品企业使用的电脱脂炉和电烧结炉是否需要办理排污许可证？

回复及解读：

针对金属制品行业的特定工艺设备，如电脱脂炉和电烧结炉，尽管没有明确指出具体的工业炉窑分类，项目实施简化管理表明需要按简化程序办理排污许可证。

这提醒了企业虽然可能不是重点排污单位，但仍需关注和遵循环保法规，办理相应的环保手续。这也强调了企业在生产过程中应主动了解和适应环保政策的要求，确保合法合规经营。

4.1.88　制药企业生产废水全回用后排污许可证变更要求探究

问题：

制药企业实现生产废水全回用，达到"零排放"，是否需要申请排污许可证变更？

回复及解读：制药企业通过深度处理生产废水并实现全回用，改变了废水的排放去向，根据《排污许可管理条例》需要申请排污许可证变更。

这一要求强调了企业在实现环境保护目标（如"零排放"）后，仍需遵循排污许可制度的规定，确保其变更符合法律法规的要求。这反映了环境管理中对于企业变革的监管适应性，鼓励企业在提高环保水平的同时，保持与环境管理制度的一致性。

4.1.89　探讨未取得排污许可证的企业完成验收的法律后果

问题：

企业在未取得排污许可证的情况下完成了自主验收，这是否构成验收中弄虚作假？验收的有效性如何？

回复及解读：

企业未按规定取得排污许可证便完成自主验收，可能被视为弄虚作假，根据相关环保法规，该验收可能无效。这种情况下，企业需要改正违法行为并重新进行环境保护验收，同时申请并取得排污许可证，以满足法律要求。

这一点凸显了环境法规对企业合规性的严格要求，旨在确保企业在开展生产活动前充分考虑环保责任,遵守相关法规,以防止对环境造成不利影响。

4.1.90 《固定污染源排污许可分类管理名录》的核心作用解析

问题:

《固定污染源排污许可分类管理名录》的作用是什么?

回复及解读:

《固定污染源排污许可分类管理名录》作为排污许可制度改革的一个关键文件,其主要作用在于指导排污许可的实施。该名录不仅明确了需要实施排污许可管理的排污单位,还界定了这些单位的管理类别。通过这种分类管理,能够更有效地对排污单位进行监管,确保它们遵守相关的环保法规,进而促进环境保护和污染控制。

4.1.91 排污单位排污许可管理类别的确定方法

问题:

如何确定排污单位的排污许可管理类别?

回复及解读:

确定排污单位的排污许可管理类别需要根据其所属行业、《国民经济行业分类》(GB/T 4754—2017)和环境影响评价文件进行综合判断。具体步骤包括行业分类、名录分级条件的考量,以及对于特定情况(如《固定污染源排污许可分类管理名录(2019 年版)》中第 108 类行业)的特别处理规定。这个过程确保每个排污单位根据其环境影响的实际情况,被归入适当的管理类别中,从而接受恰当的监督和管理,保障环境安全。

4.1.92 通用工序在排污许可管理中的分类原则

问题:

《固定污染源排污许可分类管理名录(2019 年版)》第 1 至第 107 类行业中,涉及通用工序的管理类别确定原则是什么?

回复及解读:

在《固定污染源排污许可分类管理名录(2019 年版)》中,对于第 1~107 类行业涉及通用工序时的管理类别确定,原则上依据主行业的分类以及通用工序的具体情况。如果主行业有明确的划分,将依照主行业的类别进行管理;若行业根据通用工序划分,则按通用工序的管理类别申请排污许可证。这种做法旨在通过考虑行业特性和通用工序的环境影响,为排污单位提供明确的管理类别依据,确保环境管理的有效性。

4.1.93 排污单位通用工序外排污口的许可申领要求

问题:

在《固定污染源排污许可分类管理名录(2019 年版)》第 1 至第 107 类行业中,按照通用工序管理的排污单位,其通用工序以外的排污口是否需要申领排污许可证?

回复及解读:

对于 2019 版名录第 1~107 类行业的排污单位,若其行业仅按通用工序划分管理类别,则只需为这些特定的通用工序申请排污许可证。对于行业的其他生产设施及相应排放口,则无需单独申请排污许可证。这一规定有利于简化行业内排污单位的管理流程,同时确保关键环境影响因素得到有效监管,有利于单位对环保法规的遵守。

4.1.94 确定排污单位是否属于重点环境监管对象的方法

问题:

如何确定一个排污单位是否应被列为重点环境监管对象?

回复及解读:

排污单位是否被认定为重点环境监管对象,由地级以上市的生态环境主管部门决定。排污单位可以通过查询官方网站或直接咨询当地生态环境部门来确认自身是否被列入重点监管名录。这一过程可确保排污单位了解自己是否需要遵守更严格的环保法规和管理要求,促进环境保护和可持续发展。

4.1.95 确定多行业涉及排污单位的管理类别

问题:

当一个排污单位涉及多个行业,应如何确定其管理类别?

回复及解读:

对于同时涉及多个行业的排污单位,应根据从严原则来确定其管理类别。具体而言,若单位的业务覆盖了重点管理、简化管理及登记管理等不同类别,应选取其中最严格的管理类别,即重点管理类别,进行排污许可的申请与管理。这一做法有助于保证涉及多行业的排污单位在环保合规性方面不会因业务复杂性而有所松懈,强化了环境保护措施。

4.1.96　新建排污单位的管理类别确定方法

问题：

新建但暂未列入重点排污单位名录的排污单位应如何确定管理类别？

回复及解读：

对于新建的排污单位，如果尚未被纳入重点排污单位名录，即使可满足相关条件，其管理类别也不应视为重点管理。这些单位应以非重点排污单位的身份申领排污许可证。重点排污单位名录每年更新，因此，新建单位需定期检查名录变化，并在符合条件后主动申请变更排污许可证，以确保其排污活动的合法性和环境友好性。

4.1.97　第 108 类行业排污单位重点管理情形判定

问题：

《固定污染源排污许可分类管理名录（2019 年版）》中第 108 类行业的排污单位在何种情况下应纳入重点管理？

回复及解读：

第 108 类行业的排污单位若满足一定条件，如被列入重点排污单位名录、年排放量超过特定门槛等，应纳入重点管理。具体包括二氧化硫或氮氧化物年排放量超过 250 吨，烟粉尘年排放量超过 500 吨等情形。这些标准依据污染物的年排放量和类型，旨在对环境影响较大的排污单位实施更为严格的监管措施，以减少污染物排放，保护环境。

4.1.98　界定工业建筑范围在排污许可中的应用分析

问题：

如何界定《固定污染源排污许可分类管理名录（2019 年版）》中提及的"工业建筑中生产的排污单位"？

回复及解读：

根据 2019 版名录，部分行业的管理类别确定条件之一是"工业建筑中生产的排污单位"。

工业建筑的定义根据《工程结构设计基本术语标准》（GB/T 50083—2014），涵盖了提供生产用途的建筑物，不仅限于传统的工业用地上的车间、厂房等，也包括商场、民房等非传统场所中的生产活动区域。

此界定方法有助于全面而准确地识别各类生产活动所处的环境，进而确保环保管理的有效性和法规的合理适用。

4.1.99　确定《固定污染源排污许可分类管理名录(2019 年版)》中产能或原辅料用量的方法

问题:

如何根据《固定污染源排污许可分类管理名录(2019 年版)》确定产能或原辅料用量?

回复及解读:

《2019 版名录》在分类管理中将产能或原辅料用量作为关键参数之一,对其的准确确定对于排污单位的分类管理至关重要。

产能指实际生产能力,与实际生产量区别开来,强调的是最大可能的生产量而非已实现的生产量。

原辅料用量的确定则考量了单位的运营时间长度,通过审视近三年或投运期间的最大年使用量来评估。

此方法旨在通过对产能和原辅料用量的细致评估,确保排污单位被准确归类,以符合环境保护的要求和标准。

4.1.100　计算《固定污染源排污许可分类管理名录(2019 年版)》中污染当量数的方法

问题:

如何计算《固定污染源排污许可分类管理名录(2019 年版)》第七条中提及的"污染当量数"?

回复及解读:

污染当量数的计算基于将特定污染物的排放量除以其对应的污染当量值,后者可从《中华人民共和国环境保护税法》附表中获取。

此指标综合反映了不同污染物对环境的影响程度及其处理的技术经济性,旨在提供一个全面的环境污染评估标准。

通过污染当量数的计算,可以更加准确地评价各类污染物的环境负担,进而指导环保管理和污染控制措施的制定与执行。

4.1.101　选择适用的行业排污许可行业技术规范的方法

问题:

如何选择适用的行业排污许可行业技术规范?

回复及解读：

在选择行业排污许可的技术规范时，排污单位应依据自身的国民经济行业分类以及生产工艺和原辅材料等信息，参照技术规范的"适用范围"章节的指引进行。

若无特定的行业技术规范适用，应依照排污许可证申请与核发的技术规范总则执行，并注意通用工序技术规范的相关要求。

此方法确保了排污单位能够根据自身具体情况选择最合适的技术规范，从而有效地满足特定行业的环保标准和要求，促进环境的可持续管理。

4.1.102　对未在 2019 版名录规定行业的排污单位管理方式探讨

问题：

如何管理《固定污染源排污许可分类管理名录（2019 年版）》未规定的排污单位？

回复及解读：

对于 2019 版名录未涵盖的行业或排污单位，目前不需申请排污许可证或进行排污登记，除非省级环保部门建议并得到生态环境部批准纳入排污许可管理。排污单位需要密切关注相关政策变化，以确保合规。

4.1.103　确定适合排污许可证申请的技术文件指南

问题：

申请排污许可证时，如何选择合适的技术文件？

回复及解读：

排污单位在申请排污许可证时，需根据所属行业选择对应的技术文件，包括技术规范、自行监测指南等，确保其申请满足特定行业标准和环保法规。正确选择技术文件对于申报污染物种类、排放浓度的准确性至关重要，有助于排污单位达到环保要求，保护环境。

4.1.104　单一洗砂场项目（不含通用工序，行业代码 1019）环评豁免与排污许可管理要求解析

问题：

单一洗砂场项目是否需要进行环境影响评价，是否属于豁免名单？

回复及解读：

单一洗砂场项目可能在符合特定条件下豁免环评，但须执行环保措施防止

环境污染,并按规定纳入排污许可管理。这意味着,即便项目不需环评,也不能忽视环保责任,必须遵守排污登记和管理要求,确保生态环境保护。建议与当地环保部门联系,明确项目需满足的具体环保要求。

4.1.105　排污许可证申请中生产设施填报注意事项

问题:

排污单位在申请排污许可证时填报生产设施应注意哪些方面?

回复及解读:

在申请排污许可证时,排污单位需准确填报与生产及污染排放相关的设施信息,确保填报的完整性和准确性。重点包括直接参与生产的设备及与废气、废水排放相关的设施。正确的填报不仅体现了申请的准确性,还有助于确保环保合规性,对后续的环境保护工作至关重要。

4.1.106　填报排污许可证中的编号策略

问题:

在申请排污许可证时,如何填报生产线、生产设施和排放口的编号?

回复及解读:

生产线和生产设施的编号可以依据排污单位内部的编号系统填写,而排放口编号则应填写地方生态环境主管部门的现有编号。如果排污单位内部没有编号,或者生态环境部门未进行排放口编号,则应根据《排污单位编码规则》(HJ 608—2017)进行编号并填报。排污许可证申请审批后,系统将自动生成排污许可编码对照表,包含排污单位填报的内部编号以及对应的许可编号。

这一过程确保了申请的准确性,有助于环境部门有效监管。

4.1.107　汽车 4S 店排污许可证申请条件

问题:

一家主要从事汽车销售和维修的 4S 店,占地面积超过 5 000 平方米但建筑面积不足 5 000 平方米,是否需要办理排污许可证?

回复及解读:

根据《固定污染源排污许可分类管理名录(2019 年版)》,针对汽车、摩托车修理与维护类别,如果营业面积不足 5 000 平方米,则无需纳入排污许可管理。因此,即使 4S 店的占地面积超过 5 000 平方米,如果其营业面积不足 5 000 平方米,则不需要办理排污许可证。

这表明,在特定条件下,部分企业可以免于排污许可证的申请要求,但需仔细核对营业面积计算,确保符合规定。

4.1.108 加油站增加加油枪的环评及排污许可要求

问题:

加油站在用地、储存罐不变的情况下,仅增加加油枪数量是否需要进行环评并纳入排污许可?

回复及解读:

如果加油站的用地、油罐总储量、周转量及污染物种类和数量保持不变,即使增加加油枪数量,也可以豁免环评手续。

这意味着,在主要环境影响参数未发生变化的情况下,仅增加加油枪的数量不会导致环境影响增加,因此不需进行环评报批手续。这一规定简化了环境管理程序,有助于加油站在满足环保法规和要求的前提下,灵活调整其运营配置。

4.1.109 初期雨水管理在排污许可中的要求

问题:

初期雨水在什么情况下需要纳入排污许可?

回复及解读:

初期雨水通常指下雨时前 15 分钟左右的雨水,因含有较多污染物,需要经过收集和处理后才能排放。如果行业技术规范中有关于初期雨水的管控要求,排污单位应在申请中填报初期雨水的收集、治理设施、排放去向和监测要求。这有助于确保初期雨水的管理和排放符合环保要求,防止对环境造成不良影响。

4.1.110 确定排放口类别及许可排放限值的方法概述

问题:

如何确定排放口的类别及其许可排放限值?

回复及解读:

排放口分为主要排放口和一般排放口,其分类依据是排污单位的管理类型及所属行业的排污许可技术规范。对于大气污染物,需计算主要排放口许可排放量并确定排放浓度,而一般排放口通常只需确定许可排放浓度,具体还需参考行业技术规范。水污染物的处理方式类似,需要确定主要排放口许可排放浓度和排放量,对于一般排放口则通常仅需确定许可排放浓度。

这一过程确保了环保法规的遵守,对减少环境污染具有重要意义。

4.1.111　硅胶制品生产企业的排污管理类别确定

问题：

硅胶制品生产企业年耗胶量不足 2 000 吨，是否属于简化管理类别，还是只需进行排污登记？

回复及解读：

根据《固定污染源排污许可分类管理名录（2019 年版）》，年耗胶量不足 2 000 吨的其他橡胶制品制造企业应属于登记管理类别，而非简化管理。

这意味着硅胶制品生产企业在满足排污登记要求的情况下，可以继续其生产活动，同时确保遵守环保规定，减少对环境的影响。

4.1.112　登记管理排污单位的报告提交要求

问题：

已执行登记管理的排污单位是否需要提交排污许可证执行报告？

回复及解读：

实施登记管理的排污单位无需提交排污许可证执行报告。

这一规定减轻了执行登记管理排污单位的行政负担，使其可以更专注于符合环保要求的生产和运营活动，同时仍然保证了对环境的保护。

4.1.113　自来水厂申请排污许可证的要求分析

问题：

一家日处理 14 万吨原水，每日产生约 800 吨废水的自来水厂是否需要申请排污许可证？

回复及解读：

自来水厂是否需要申请排污许可证取决于其污水处理设施的日处理能力及是否被纳入重点排污单位名录。在日处理原水量为 14 万吨的情况下，需要根据是否纳入重点排污单位名录来判定。若纳入或日处理能力超过 2 万吨，则需申领排污许可证；否则，可能适用于登记管理。

这一要求确保了大型水处理设施的环保责任，有助于监管其对环境的影响。

4.1.114　环评与排污许可的区别及其在设备管理中的应用

问题：

排污许可证核发的设备数是否能代替环评审批的设备数？

回复及解读：

环评和排污许可是两个独立的程序，具有不同的管理目的和要求。在某些情况下，设备（例如定型机）虽然在排污许可证中被列明，但这并不意味着可以替代环评和环保验收的要求。特别是对于在环评审批文件中未列明但实际在使用的设备，企业需要与属地环保部门沟通，确认是否需要补办环评报告书或报告表。

这一过程关键在于确保企业在环保管理方面的合法性和合规性，避免因环评和排污许可之间的管理差异导致的法律风险。

4.1.115　环评豁免对建设项目环保验收的影响

问题：

搬迁企业在环评类别变更为豁免环评后，是否还需要办理环保验收？

回复及解读：

根据《建设项目环境保护管理条例》，建设项目完成后通常需要进行环保验收，以确保其符合环保要求。然而，如果一个项目的环评类别从需要提交环评报告表变更为豁免环评，这通常意味着项目被认为已经满足了特定的环保要求，因此可以认为免除了单独的环保验收步骤。这种情况下，项目可能不需要再进行环保验收，但这不意味着可以忽视环保责任。建议项目负责人详细咨询属地生态环境部门，确保项目完全符合豁免环评的条件，并遵守所有相关的环保法规和要求。

这一过程强调了在项目管理和环保合规方面进行适当的规划和沟通的重要性。

4.2　监测常见问题答疑

4.2.1　排污单位自行监测技术指南中监测频次表的"/"标记含义

问题：

在部分排污单位自行监测技术指南如《排污单位自行监测技术指南　橡胶和塑料制品》（HJ 1207—2021）中，面向生活污水排放口的非重点排污单位的间接排放，表中的"/"标记应如何解读？此标记是否表明无需进行监测，或未明确规定监测要求？若属于未规定，是否应依据《排污单位自行监测技术指南　总则》（HJ 819—2017）确定最低监测频次？

回复及解读：

官方明确回应，"/"标记代表"无监测要求"，故排污单位无需建立自行监测机制。但若地方生态环境主管机构设定了特定监测要求，排污单位必须遵守。

适用标准：特定行业自行监测技术指南中若无规定，则应遵循《排污单位自行监测技术指南　总则》(HJ 819—2017)。

4.2.2　土壤和地下水自行监测频次及信息公开问题

问题：

如何确保遵守《工业企业土壤和地下水自行监测技术指南(试行)》(HJ 1209—2021)中规定的自行监测最低频次？

回复及解读：

土壤监测的最低频次规定为：表层土壤每年监测一次，深层土壤每三年监测一次。

地下水监测的最低频次规定为：一类单元每半年监测一次，二类单元每年监测一次；周边 1 km 范围内存在地下水环境敏感区的企业，一类单元每季度监测一次，二类单元每半年监测一次。

初次监测需覆盖所有监测点。若疫情等特殊情况影响监测执行，需在信息公开环节解释延迟的具体原因。监测信息公开内容包括：基础信息、监测方案、监测结果、未进行监测的原因以及年度报告。所有公开信息需要保持完整、准确且及时，延迟公开的情况下需说明理由。

监测频次：按照 HJ 1209—2021 指南要求，确保土壤表层与深层、地下水的监测频次符合规定。

4.2.3　共用厂界企业噪声监测问题

问题：

当企业的四个厂界因新建企业的出现而发生变化，导致原有的厂界界限不明显或消失，已完成排污许可证办理的情况下，是否还需要进行厂界噪声监测？

回复及解读：

一般而言，如果企业之间紧邻且共用厂界，那么在这些共用厂界的位置通常可以不设置噪声监测点。然而，如果排污许可证中有明确的监测要求，那么企业仍需根据许可证的要求进行噪声监测。此外，企业可以与当地环境管理部门协商，以确定是否需要在这种共用厂界的情况下进行监测，以及如何执行监测工作。

这种情况下，关键在于根据排污许可证的具体要求和与地方环境管理部门的沟通协商来决定最终的监测方案。

4.2.4 环境监测及排污许可证申请中非甲烷总烃监测要求解析

问题：

关于排污许可证申请过程中自行监测的具体要求，特别是非甲烷总烃的手工监测方法和所需样本数量的详细解释。

回复及解读：

监测频次指导：遵守《排污单位自行监测技术指南 总则》（HJ 819—2017），确保自行监测频次不低于国家或地方的相关规定。非连续采样说明：

如果排污许可证要求非连续采样至少需采集 3 个样本，应理解为每天不少于 3 个有效样本，专门用于污染物排放的评估。

针对有组织废气中的非甲烷总烃监测，每个有效样本应根据《固定污染源废气 总烃、甲烷和非甲烷总烃的测定 气相色谱法》（HJ 38—2017）及《固定源废气监测技术规范》（HJ/T 397—2007）的要求，在 1 小时内等间隔采集 3～4 个瞬时样本，进而计算平均值。

总结：在环境监测和排污许可证申请过程中，特别是在进行非甲烷总烃的监测时，企业必须遵循指定的技术指南和标准，保证至少采集 3 个有效样本，以确保监测数据的准确性和有效性。

4.2.5 排污许可证监测要求与公司内部化验室数据是否认可的问题

问题：

有关排污许可证中的监测要求是否可以使用公司内部化验室对生产废水中总铜、总锌、总磷、总氮的每日手工监测数据，以及内部化验室需满足的条件，是否要取得中国计量认证（CMA）资质？

回复及解读：

排污单位可使用内部实验室进行自行监测，以满足排污许可证中的监测要求。

监测要求与条件：

遵循《排污单位自行监测技术指南 总则》（HJ 819—2017）的规定。

建立并维护一个监测质量体系，确保监测活动的质量保证和质量控制。

保证监测数据的真实性、准确性和可靠性,以符合排污许可证要求。

企业确实可以自行建立实验室来进行环境监测。进行自行监测并不强制要求实验室必须获得 CMA 资质认定。不过,企业必须建立起一套符合相关技术规范要求的监测质量体系,确保监测结果的准确性和可靠性。

监测人员的要求:企业需要配备具备相应技术能力的专业人员。

其他监测要求:除了人员和质量体系的要求,企业在实施自行监测时还需要细致规划监测工作的各个环节,包括监测方案的制定、样品的采集、样品的分析等。这些活动的规范化是确保监测活动有效性和监测数据可信度的关键。

总结:排污单位可以依赖内部化验室的监测数据来满足排污许可证中的监测要求,前提是必须建立符合规定的监测质量体系,确保数据的真实性和可靠性。

4.2.6　已经安装自动监控的企业是否还要开展手动监测的问题

问题:

对于已经安装并联网了水质自动在线监测设备的江苏某企业,若在排污许可证的自行监测方案中未明确提及手工检测频次,是否仍需委托第三方检测机构执行定期手工检测? 如何确定监测频次?

回复及解读:

自行监测要求:如果企业已实施自动监测且排污许可证或监测方案中未规定手工监测要求,则不需要开展手工自行监测。

自动监测设备的维护:根据《江苏省污染源自动监测监控管理办法》(2022年修订),排污企业应委托有资质的环境检测机构定期进行污染源自动监测设备的人工比对监测和校验。对于涉水排污单位,每月至少一次进行实际水样比对试验(涵盖 COD、TOC、氨氮、总磷、总氮、pH 等指标),每季度至少一次对超声波明渠流量计进行比对试验,依照《水污染源在线监测系统(COD$_{Cr}$、NH$_3$-N 等)运行技术规范》(HJ 355—2019)标准进行。

已安装自动监控设备的企业,在排污许可监测方案中如果没有手动监测要求,则无需进行手动监测。但需要定期进行设备比对和校验,以确保监测数据的准确性和可靠性。

4.2.7　危险废物焚烧是否需要安装 VOCs 在线监测设施

问题:

江苏某丙烯酸及酯类危险废物综合利用企业自建焚烧装置的烟气排放口是

否必须安装 VOCs 自动监测设备，特别是在考虑装置的废气排放量和现行监测措施的情况下？该排气筒气量约 5 万 m^3/h。

回复及解读：

监测设备安装要求：根据《江苏省污染源自动监测监控管理办法》（2022年修订），化工行业的排放口如果设计小时废气量达到 1 万立方米及以上，或其他行业的排放口废气量达到 3 万立方米及以上，则必须安装 VOCs 自动监测设备。

企业排气量标准：该企业的焚烧装置烟气排放口的小时废气排放量约为 5 万 m^3，这一数值超出了安装 VOCs 自动监测设备的要求标准。

基于上述信息，建议遵照相关规定，为焚烧装置的烟气排放口安装 VOCs 在线监测设备。

丙烯酸及酯类危险废物综合利用企业的自建焚烧装置，鉴于其小时废气排放量显著超过规定的标准，应安装 VOCs 在线监测设施，以符合《江苏省污染源自动监测监控管理办法》（2022年修订）的要求。

4.2.8　关于安装废水氨氮在线监测设备的要求

问题：

某企业为排污许可重点管理类别，是否需要安装废水氨氮在线监测设备的问题？

回复及解读：

监测设备安装要求：作为"重点管理"类别，应依法安装废水在线监测设备，并确保与生态环境主管部门联网。

特定区域要求：企业位于特定化工区内，根据相关政策，必须在污水预处理排放口安装废水氨氮在线监测设备。对于雨水排放口，也建议安装氨氮在线监测设备。

具体规范：引用《江苏省污染源自动监测监控管理办法》（2022年修订）和《排污许可证申请与核发技术规范　专用化学产品制造工业》（HJ 1103—2020），明确废水主要排放口监测指标应包括氨氮，因此建议安装相应的在线监测设备并与主管部门联网。

根据《江苏省污染源自动监测监控管理办法》（2022年修订）和特定化工区的相关政策，以及专用化学产品制造工业的技术规范要求，企业应安装废水氨氮在线监测设备，并保证设备与生态环境主管部门联网，以满足监测要求。

4.2.9　关于废气采样孔安装采样平台的要求

问题：

是否所有高于 2 m 的废气采样孔都必须安装采样平台以满足采样需求，即便企业已经拥有曲臂升降车？

回复及解读：

废气监测位置要求：固定污染源的废气监测位置通常位于较高位置，具体高度取决于烟道直径和走向。

高处作业规定：根据《高处作业分级》(GB/T 3608—2008)的规定，任何 2 m 以上的高度作业均被视为高处作业，需要采取相应的安全措施。

采样平台设置要求：采样平台应具备足够的工作面积(不小于 1.5 m²)并设有 1.1 m 高的护栏，以保障检测人员的安全。

安全生产法要求：企业必须遵守《中华人民共和国安全生产法》中规定的安全生产条件。

尽管企业可能通过使用曲臂升降车来满足采样需求，但基于监测准确性和检测人员安全的考虑，建议企业还是遵循相关安全标准和法律规定，安装采样平台。这不仅有助于保障人员安全，也符合国家安全生产的法律法规要求。

4.2.10　是否必须为日均排放量超过 100 t 的生活污水安装自动监测设备

问题：

某公司日均排放量超过 100 t 生活污水，是否必须安装自动监测设备？ 是否可以不装？

回复及解读：

自动监测要求：根据《江苏省污染源自动监测监控管理办法》(2022 年修订)，日均排放废水量超过 100 t 或化学需氧量(COD_{Cr})超过 30 kg 的单位需要安装 COD_{Cr} 自动监测仪器；若日均氨氮排放量超过 10 kg，则需安装氨氮自动监测仪器。

生活污水处理：如果企业的生活污水是单独接管并排放至生活污水处理厂，且日均排放量超过 100 t，则根据上述规定，企业确实需要安装自动监测设备。

监测设备安装：企业因其日均排放量超标，必须安装相应的自动监测设备。

排放限值标准：企业生活污水的排放需遵守《污水综合排放标准》(GB 8978—1996)中表 4 的三级标准。

4.2.11 电子企业是否需要对生活污水进行在线监测

问题：

某公司电子企业，生活污水是否要加装在线监测设备？

回复及解读：

在线监测要求：企业安装在线监测设备需依据排污许可的具体要求，主要针对重点企业的重点排放口。

规范要求：根据《江苏省污染源自动监测监控管理办法》(2022 年修订)第九条，自动监测因子需符合排污许可技术规范和办法的规定。《排污许可申请与核发技术规范 电子工业》(HJ 1031—2019)未对生活污水排放的浓度和总量提出要求。

生活污水监测：在实际应用中，电子企业不需要对生活污水排放口安装在线监测设备。

4.2.12 工业厂界噪声监测方向要求咨询

问题：

是否必须从东、南、西、北四个方向对工业厂界进行噪声监测？

回复及解读：

标准依据：参考《工业企业厂界环境噪声排放标准》(GB 12348—2008)。

测点布设要求：根据工业企业声源、周围噪声敏感建筑物布局及邻近区域类别，在工业企业厂界布设多个测点。

敏感区域重点：特别关注噪声敏感建筑物较近的位置和受被测声源影响大的位置。

测点位置规定：包括"一般规定"和"其他规定"。

监测满足规定：工业企业厂界噪声监测应遵循上述规定，并不强行要求在东、南、西、北四个方向都进行监测。

此结构化摘要说明了工业企业在进行厂界噪声监测时，需根据实际的声源分布、周边环境以及敏感区域的特点来合理布设测点，而非简单地遵循固定方向的要求。使用这样的方法更能准确地评估企业对周边环境的噪声影响。

4.2.13　工业企业土壤和地下水自行监测技术指南与排污许可自行监测的问题

问题：

是否必须在排污许可自行监测中包含土壤和地下水的监测点位和监测因子？这两种自行监测是否可以独立进行？

回复及解读：

排污许可自行监测要求：根据《排污许可管理条例》，申请排污许可证时应提交包括自行监测方案在内的相关信息。这意味着监测点位、监测指标和监测频次等信息需遵循国家自行监测规范。

这一规定明确了土壤和地下水的监测点位及监测因子应根据具体要求在排污许可证的自行监测计划中予以明确，从而确保监测活动的合规性和全面性。

工业企业在进行排污许可申请时，需将土壤和地下水监测纳入自行监测计划，并按照国家规范明确监测点位和监测因子。同时，这也意味着土壤和地下水的监测是排污许可自行监测计划的一部分，应与其他环境监测活动协调进行，以确保环境保护的全面性和有效性。

4.2.14　《江苏省污染源自动监测监控管理办法》(2022 年修订)相关问题

问题：

问题一：若某公司废水被列为重点排污单位，且排污许可证仅要求安装总磷、氨氮自动监测仪，但存在 VOCs 排放口风量超过 30 000 m^3/h 的情况，是否需安装 VOCs 自动监测设备？

问题二：对于已被列为大气环境重点排污单位的子公司，联网通知后应在多长时间内完成自动监测设备的安装与联网？

问题三：如何确定 VOCs 单排放口设计的小时废气排放量？缺乏废气治理设施设计文件时，能否通过技术改造降低风量避免安装 VOCs 自动监测设备？

回复及解读：

关于 VOCs 自动监测设备安装要求：设计风量达到或超过 30 000 m^3/h 且涉及 VOCs 排放的排放口，必须安装 VOCs 自动监控设备。这意味着即使企业的废水排放被列为重点，若有 VOCs 排放且风量超标，也需遵循此要求。

自动监测设备安装与联网时间规定：安装与联网的时间应依据属地生态环境主管部门发布的重点排污单位名录时间为准。这提供了一个明确的时间框架,确保相关单位按时完成设备安装与联网。

确定 VOCs 排放设计的小时废气排放量:应以设计风量为准来确定。在废气治理设施设计文件缺失的情况下,通过技术改造降低风量以避免安装 VOCs 自动监测设备可能会导致废气收集不完全,产生无组织排放,因此不推荐这种做法。

综上所述,对于涉及 VOCs 排放的企业,无论其废水排放情况如何,若风量达到规定标准,必须安装 VOCs 自动监测设备。同时,完成设备安装与联网的时间需根据主管部门的具体要求来定,且在确定 VOCs 排放量时,应严格按照设计风量来评估,以避免可能的环境风险。

4.2.15　环保税核算与排污许可证监测频率

问题:

主题:探讨环保税核算过程中,如何处理排污许可证中规定的半年一次的监测频率?

具体问题:对于排污许可证规定的半年一次监测频率,企业在环保税核算时是否能跨季度使用监测报告数据?

回复及解读:

法律依据:根据《中华人民共和国环境保护税法实施条例》第九条,自行监测数据若符合国家规定和监测规范,则可视为有效数据。

环保税核算规定:按照《财政部 税务总局 生态环境部 关于明确环境保护税应税污染物适用等有关问题的通知》(财税〔2018〕117 号),纳税人如果采用委托监测方式,在规定的监测时限内若当月无监测数据,可以使用最近一次监测数据来计算应税污染物排放量。但是,该规定明确禁止跨季度使用监测数据。

结论:针对半年一次的监测频率,企业在进行环保税核算时,不能跨季度使用监测报告的数据进行核算。这意味着企业需要根据每个季度内的实际监测数据来计算环保税,即使这可能涉及半年周期的监测频率。

综上所述,对于排污许可证规定的半年一次监测频率,企业必须遵守相关税法和环保税计算规定,不能跨季度使用监测数据进行环保税的核算。这确保了环保税核算的准确性和公平性,同时促使企业按时完成污染物排放监测。

4.2.16　关于《制药工业大气污染物排放标准》(DB 32/3560— 2019)执行相关问题

问题:

主题:针对《制药工业大气污染物排放标准》(DB 32/3560—2019)中 VOCs

燃烧装置废气处理标准的解读。

具体问题:是否必须对使用天然气作为辅助燃料的 VOCs 燃烧装置中废气进行基准含氧量的换算?

回复及解读:

标准规定:根据《蓄热燃烧法工业有机废气治理工程技术规范》(HJ 1093—2020),天然气作为辅助燃料在 VOCs 废气处理装置中的应用是被允许的。

执行解读:《制药工业大气污染物排放标准》(DB 32/4042—2021)指出,若 VOCs 热氧化装置中的废气含氧量能够满足自身燃烧、氧化反应的需要,且无需额外补充空气(除了燃烧器所需的助燃空气和再生式热氧化装置(RTO)的吹扫气),则可以直接以实测的质量浓度作为达标判定的依据,不必进行基准含氧量的换算。

结论:如果天然气仅作为辅助燃料使用,且废气中的 VOCs 含量足以自行满足燃烧和氧化反应的需求,那么不需要进行基准含氧量的换算。

这意味着,在处理 VOCs 废气时,如果能确保废气中的氧气含量足以支持燃烧和氧化过程,则无需对废气进行基准含氧量的换算,直接使用实测质量浓度来评估排放标准的达成情况。这一规定旨在简化处理过程,同时确保废气处理装置的效率和排放达标。

4.2.17 执法监督性监测与污染源自行监测的联系与区别

问题:污染源监测的定义以及它与执法监测之间的联系与区别。

回复及解读:

污染源自行监测的定义:涉及对各类污染源的监测活动。这类监测的目的是掌握污染排放的情况。

执法监测的定义:指环境监测机构按照生态环境行政管理部门的要求或委托,遵循特定的规范和程序对排污单位执行的监测活动。

联系与区别:污染源监测是按照监测对象进行分类的,侧重于了解和控制污染源对环境的影响。执法监测则是基于监测的职能和种类来分类,重点在于根据法律和行政规定对排污单位的环境行为进行监督和合规性检查。

4.2.18 雨水排放口在线监测设施水样比对试验要求

问题:

针对《水污染源在线监测系统(COD_{Cr}、NH_3-N 等)运行技术规范》(HJ 355—2019),是否需要对雨水排放口的水质在线监测设施进行每月至少一次的实际水样比对试验？

回复及解读：

法规依据：《水污染源在线监测系统（COD_{Cr}、NH_3-N 等）运行技术规范》（HJ 355—2019）及《江苏省污染源自动监测监控管理办法》（2022 年修订）。

操作原则：根据"清污分流、雨污分流"的原则，污水和雨水应分别排放或接管。

监测要求：如果在雨水排放口安装了在线监测设施，则需要每月至少进行一次实际水样比对试验。

根据上述信息，对于安装在雨水排放口的水质在线监测设施，根据《水污染源在线监测系统（COD_{Cr}、NH_3-N 等）运行技术规范》（HJ 355—2019）以及江苏省的相关管理办法，确实需要每月至少进行一次实际水样与在线监测数据的比对试验。这一要求旨在确保在线监测设施的准确性和可靠性，以及其监测数据的真实性和有效性。

4.2.19　城镇污水处理厂甲烷监测点位设置咨询

问题：

针对《城镇污水处理厂污染物排放标准》（DB 32/4440—2022）的甲烷监测点位设置进行咨询，如何确定浓度最高点及是否需在所有提及位置（如格栅、初沉池、污泥消化池、污泥浓缩池、污泥脱水机房等）设置监测点位？

回复及解读：

监测点位要求：应在格栅、初沉池、污泥消化池、污泥浓缩池、污泥脱水机房等关键位置设置监测点位，并选取浓度最高点进行监测。

浓度最高点筛选方法：建议使用便携式仪器，如光离子化检测器（PID）、气相色谱-火焰离子化检测器（GC－FID）等进行现场直读分析，以确定甲烷浓度最高点。

监测点位布置指导：监测点位的布置应根据污水处理厂的具体工况、生产工艺及污染物排放情况有针对性地进行，以确保有效控制和监测甲烷排放。

根据上述信息，城镇污水处理厂在布设甲烷监测点位时，须根据《城镇污水处理厂污染物排放标准》（DB 32/4440—2022）的要求，在关键位置设置监测点位，并采用适当的方法确定浓度最高点。这一过程旨在确保甲烷排放监测的准确性和有效性，以符合标准要求和环保监管的需求。

4.2.20　非甲烷总烃检测结果以碳计的理解

问题：

关于《固定污染源废气　总烃、甲烷和非甲烷总烃的测定　气相色谱法》(HJ 38—2017)中非甲烷总烃(NMHC)的定义及其测定结果以碳计的表示方法的理解，如何将 5 ppm(1 ppm＝10^{-6})的丙烷标准气体转换为以碳计的非甲烷总烃浓度？

回复及解读：

转换公式：使用 5 ppm 的丙烷标准气体转换为以碳计的非甲烷总烃浓度的公式是：$5×(12.0×3)/22.4＝8.04\ mg/m^3$。

这里的计算考虑到丙烷分子中碳原子的质量(12.0 g/mol)和数量(3 个)，以及标准状况下 1 摩尔气体的体积(22.4 L)。计算公式将丙烷的浓度(以 ppm 表示)转换为等效的以碳计的非甲烷总烃浓度(以 mg/m^3 表示)，提供了一种标准化的方法来表示非甲烷总烃的浓度，便于环保监测和管理。

4.2.21　臭气浓度厂界无组织监测点位设置咨询

问题：

臭气浓度无组织排放监测时，监测点位的设置方式，具体是选择采集 4 个下风向样品还是设置 1 个上风向参照点加上 3 个下风向监控点样品？

回复及解读：

标准参考：在进行无组织排放源的恶臭监测时，应依照《环境空气和废气　臭气的测定　三点比较式臭袋法》(HJ 1262—2022)的规定执行。

监测点位设置：监测过程中需要注意对风向和风速的监测。监测点位应主要在下风向的周界进行布置，一般情况下设置 3 个监测点位。根据风向的变化，可以适当地增加或减少监测点位数量。

解读　此答复提供了在进行臭气浓度无组织排放监测时，监测点位的正确设置方式。主要强调了监测点位应根据实际风向变化布置在下风向，而不是固定选择 4 个下风向样品或配合上风向参照点。这种方法有助于更准确地评估无组织排放源的恶臭影响，同时也体现了监测策略的灵活性和针对性。

4.2.22　关于废气非甲烷总烃监测技术规范执行标准

问题：

关于《固定污染源废气　非甲烷总烃连续监测技术规范》(HJ 1286—2023)与

地方标准《固定污染源废气 非甲烷总烃连续监测技术规范》（DB 32/T 3944—2020）之间执行标准的选择，自 2023 年 8 月 1 日起，这两个标准中应执行哪一个标准？以及在两个规范内容都有规定的情况下，是选择从严执行还是有其他的执行逻辑？

回复及解读：

标准参考：根据《生态环境标准管理办法》第三十一条的规定，当国家标准《固定污染源废气 非甲烷总烃连续监测技术规范》（HJ 1286—2023）正式实施后，应以该国家标准为准。

执行逻辑：从 2023 年 8 月 1 日起，应执行 HJ 1286—2023 标准。一旦国家标准正式实施，原则上地方标准（DB 32/T 3944—2020）将不再执行。这意味着，在存在国家标准和地方标准的情况下，应优先执行国家标准。

解读 此回复明确指出，面对国家标准和地方标准的差异和选择时，应优先遵循国家标准。这体现了国家标准在环保领域法规体系中的主导地位，同时也指导了实际操作中的标准选择和执行。对于企业和监测机构来说，了解并遵守最新的国家标准是确保合规性的关键。

4.2.23 排污单位自行监测技术指南中废水监测频次问题

问题：

《排污单位自行监测技术指南 总则》（HJ 819—2017）中废水监测的主要监测指标判定依据和监测频次的制定方法。

回复及解读：

根据《排污单位自行监测技术指南 总则》（HJ 819—2017），主要监测指标的确定依据为化学需氧量、五日生化需氧量、氨氮、总磷、总氮、悬浮物、石油类中相对排放量较大的污染物。排放量较大是一个相对概念，旨在识别相对排放量较大的污染物作为主要监测指标。无论排污单位是重点还是非重点排污单位，都应先根据总则确定排放口的主要监测指标，再依据不同监测指标类型确定最低监测频次。该答复强调了监测指标和频次制定的依据和程序，旨在促进排污单位遵守监测规范，确保环境监管的有效性和合理性。

4.2.24 农药制造企业污水排放口安装总磷在线设备的必要性

问题：

农药制造企业是否都需要在污水排放口安装总磷自动监测设备？

回复及解读：

安装废水总磷在线监测设备的要求取决于排污许可证和行业自行监测技术指南的具体要求。对于不涉及含磷成分的农药制造企业，无需安装总磷在线监测设备。

这一答复明确了总磷在线监测设备安装要求的适用范围和条件，为农药制造企业提供了明确的指引，有助于企业根据自身情况合理安排环保设施。

4.3　排污许可典型违法案例解读

针对公开的违法案例进行梳理，只保留核心内容，便于学习、参考。

4.3.1　电子科技公司 VOCs 排放超标案例：环保法规遵循与环境责任的警示

案例摘要：

某电子科技公司，专注于手机壳喷漆加工，在环境监管部门的现场检查中被发现 VOCs 排放超标。该公司拥有 2 条自动喷涂线，并配备"喷淋＋UV 光解＋活性炭吸附"的废气治理设施。尽管如此，执法人员现场依然感知到明显的刺激性气味。通过第三方检测公司的 VOCs 排放检测，结果显示总 VOCs 排放浓度超标 12.13 倍，排放速率超标 2.38 倍。根据《中华人民共和国大气污染防治法》，公司因此被处以 26 万元罚款。

解读　这一案例提醒各企业尤其是从事可能影响环境的生产活动的企业，必须严格遵守环保法规。VOCs 作为一类重要的大气污染物，其排放标准不仅是环境保护的要求，也是企业社会责任的体现。违反这一标准的后果不仅是经济上的罚款，还可能包括限制生产、停产整治乃至停业或关闭，严重影响企业声誉和经营。

此案例中，尽管公司已投入资金建立了废气治理设施，但仍未能有效控制VOCs 排放，这可能与设施运行维护、技术落后或管理不善等因素有关。因此，企业不仅要投资环保设施，更要注重设施的有效运营与维护，定期进行排放监测，确保符合法律法规要求。

此外，企业应加强员工的环保意识和法律知识培训，确保全员了解环保法律法规，增强环保意识，从源头上减少污染物排放。通过采用更先进的环保技术和管理措施，不仅可以避免法律风险，还可以提升企业的社会形象，实现可持续发展。

4.3.2　某电路板生产企业超总量排污案例：在线监控与环保责任

案例摘要：

一家电路板生产企业，因 2022 年的化学需氧量和氨氮排放量均超出排污许可证年排放量限值而受到环保监管部门的关注。企业安装的在线监控设备监测数据显示，全年化学需氧量排放量超标 0.801 7 倍，氨氮排放量超标 0.444 4 倍。依据《排污许可管理条例》的规定，该企业最初面临 20 万元至 100 万元的罚款。然而，由于企业的积极整改和公开道歉，处罚金额最终被降至 22 万元。

解读　本案例突出了企业在环保管理中承担的责任以及在线监控系统的重要作用。在线监控系统不仅有助于有效监控企业的污染物排放，确保及时发现违法行为，而且对环境保护起到了至关重要的作用。通过结合处罚与教育，环保部门展示了管理的灵活性和教育的意义，强调了企业积极响应和整改的重要性。积极的整改措施和对法律法规的遵守不仅能减轻企业的法律责任，还能提升其社会形象和环境责任感。该案例为其他企业提供了重要的教训：遵守环保规定、利用在线监控系统和积极整改是实现可持续发展的关键。

4.3.3　某地皮革厂废水超标案引刑事诉讼：非现场监管的力量

案例摘要：

某地区的一家皮革制品厂，在毛皮鞣制加工过程中，通过污染源在线监控系统发现其废水超标预警。执法人员的现场采样监测揭示，含铬废水预处理后的外排水中总铬浓度高达 43.5 mg/L，远超排放标准 1.5 mg/L 的限值，超标 28 倍；而标准排放口的外排水中总铬浓度为 7.43×10^{-3} mg/L。基于相关法律规定，该企业涉嫌环境污染犯罪，案件已移送公安机关。

解读　此案例突出了环境监控和科技在现代环境执法中的重要性。在线监控系统为发现和处理环境违法行为提供了有效手段，帮助执法部门准确、及时地采取行动，同时为预防和打击环境犯罪活动提供了强有力的支持。此案在社会上形成了对环境违法行为的有力震慑，展示了环境执法需不断创新手段，体现了加强科技赋能的重要性。

4.3.4　某地混凝土企业噪声超标整改案例

案例摘要：

某地区混凝土企业因夜间噪声排放超标被当地生态环境监测中心通过突击

检查。检查发现该企业的北厂界和东厂界外 1 米处夜间噪声等级超过了 50 dB (A)的夜间排放限值,最大声级分别达到 78.0 dB(A)和 81.0 dB(A)。依据《中华人民共和国噪声污染防治法》,企业被处以六万五千元罚款。随后,企业采取了隔音处理、安装减振器和建立隔音屏障等措施,有效降低噪声至标准限值内。

解读　此案例强调了生态环境部门在应对公众投诉和环境问题时的敏感性和效率。通过精准执法和企业的积极整改措施,不仅解决了噪声污染问题,还体现了对居民生活质量的重视和保护。此外,案例展现了环保监管中信息研判的重要性,以及通过严格执法满足公众对良好生活环境的期待。通过此类有效监管,可以推动企业自觉守法,实现社区环境和谐与可持续发展。

4.3.5　某城市食品企业环保监管案例:强化自行监测

案例摘要:

在某城市,一家位于重要地段的食品企业因未按排污许可证要求进行自行环境监测而受到环境监管部门的处罚。该企业未能按照半年一次的要求对污水处理设施的进出水口进行监测,违反了《排污许可管理条例》的规定。环境监管部门通过污染源监测数据管理与共享系统发现违法行为,对企业进行了非现场监管,并最终处以 3.5 万元罚款,要求其改正违法行为。

解读　此案例凸显了环保执法在实施非现场监管和按证监管策略方面的成效,体现了排污许可证制度在环境管理中的核心作用。通过精确监控和数据共享,环保部门能够有效识别和处置未履行环保责任的企业。特别是,案件启示指出,非现场监管能够"精准锁定违法企业,提高执法效能",同时,按证监管策略"充分发挥排污许可制度的效力,加强污染源监管",促进企业落实环境治理责任。

这种监管模式不仅提高了执法效率,也促进了企业对环境治理责任的认识和执行。通过这一案例,我们看到了生态环境部对公众投诉的积极响应和企业守法意识的提升,为提升环境质量和推动可持续发展贡献了积极力量。此外,案件启示强调了通过全国污染源监测系统的有效运用,环保部门能够及时发现企业未按排污许可证规定进行自行监测的问题,迅速采取行动,确保了环保法规的严格执行和环境质量的持续改善。

4.3.6　金属表面处理企业欺骗手段取得排污许可证案例分析

案例摘要:

某金属表面处理企业主营金属表面处理加工项目。在其排污许可证续期申请过程中,企业故意隐瞒了扩建的生产项目及相关污染物排放情况。此行为违反了《中华人民共和国行政许可法》的规定,该法律要求申请人如实提交材料和真实反映情况。结果,该企业被处以 21.8 万元罚款,现持有的排污许可证被撤销,并被禁止在 3 年内再次申请排污许可证。

解读 此案例突出显示了对环境保护法律和规定的严格执行,特别是在排污许可证的申请和管理过程中。案件启示强调,企业在申请排污许可证时必须遵守法律规定,如实提交所有相关材料和真实情况。任何欺骗行为,如弄虚作假或隐瞒信息,都将面临严重的法律后果。通过此案例,生态环境部门传达了一个明确的信息:法律意识与责任的重要性。广大企业需要增强生态环境保护的意识,加强对相关法律法规的学习,并认真履行其作为环境保护主体的责任。

4.3.7 电器企业未依法提交排污许可证执行报告被处罚

案例摘要:

一家电器制造企业因未能按照《排污许可管理条例》规定,于 2023 年 2 月 6 日提交其年度排污许可证执行报告,而遭到生态环境部门的处罚。该企业的行为违反了相关环境保护法规,生态环境部门据此责令其改正违法行为,并处以 0.75 万元罚款。

解读 此案例凸显了企业在环境管理中履行法律义务的重要性,以及监管机构对于确保法律规定得到执行的坚定态度。排污许可证作为企业环境管理的法定依据,要求企业不仅在生产过程中遵守环境保护规定,而且也要通过提交执行报告等文件,向监管部门证明其遵守法律的情况。未能按时提交这些文件,意味着企业在环境管理和监督方面的缺失。

4.3.8 五金制品厂总磷超标排放案:环境法规遵循与监管效能加强

案例摘要:

某城市一家五金制品生产企业因在生产废水排放中超过排污许可证规定的总磷浓度,于 2023 年 2 月 15 日被发现违法。该企业的行为违反了《排污许可管理条例》的相关规定,生态环境部门随后责令企业改正违法行为,并处以 20 万元罚款。

解读 此案例凸显了严格遵守排污许可证要求的重要性,以及生态环境

部门在提升监管效能和构建以排污许可为核心的监管体系方面的坚定决心。本案例提供了两方面的重要启示:

严格遵守排污许可证要求的必要性。排污许可证作为企业环境管理的法定依据,明确了排放污染物的种类、浓度和总量等核心内容。企业必须在生产过程中严格控制污染物排放,确保不超过许可证规定的标准。本案中,企业未能遵守排污许可证中关于总磷排放标准的要求,导致了严重的法律后果,凸显了企业应对环境保护法规的严格遵守和高度重视。

监管效能的加强对环境保护的重要性。生态环境部门通过加强监管和实施双随机执法监测联动,有效地识别和处理环境违法行为,体现了对环境保护法规的严格执行和监管。这种监管策略不仅有助于及时发现并纠正企业的违法行为。

4.3.9　暗管直排污水涉刑案件:科技监管与执法联动

案例摘要:

2023 年 5 月 9 日,通过远程智慧无人机巡飞技术,执法人员发现某项目存在利用暗管直接排放含有有毒物质污水的行为。此违法行为违反了《中华人民共和国水污染防治法》的相关规定,因其严重性,涉嫌刑事犯罪,已被移送至公安机关进行处理。

解读　此案凸显了信息化技术在提升环境监管效率与精准度方面的重要作用,同时也展示了通过行政执法与刑事司法联动,加大对环境违法行为震慑力度的必要性。本案例向我们展示了以下几个关键点:

科技在环境监管中的应用。利用智慧无人机等信息化技术进行环境监测,不仅可以大幅提高监管的范围和效率,还能在一定程度上减少人力资源的消耗,实现对难以察觉或隐藏的违法行为的有效发现。这种非现场执法方式为环境保护工作带来了新的视角和方法。

行政与刑事执法的有效衔接。当环境违法行为触及刑事法律的底线时,仅依靠行政处罚可能难以达到足够的震慑效果。本案中,将涉嫌犯罪的案件移送至公安机关处理,显示了在严重环境违法行为面前,行政执法与刑事司法联动的重要性。这种联动机制不仅加大了对违法行为的惩处力度,也提升了公众对环境法律法规的尊重和遵守。

对环境违法行为的严厉打击。本案例通过科技手段发现并处理了严重的环境违法行为,体现了对环境保护的高度重视和对违法行为的严厉打击。

4.3.10 正面清单企业擅自改变排污去向案例解读

案例摘要：

在 2022 年第四季度的一次排污许可非现场清单式执法检查中，某市生态环境局发现一家纺织企业在生产旺季的废水流量异常下降。随后的现场检查发现，该企业未经生态环境主管部门许可，擅自改变了废水排放方式和去向，与邻近的同类型企业协同处置废水，违反了《排污许可管理条例》的相关规定。该企业被要求改正违法行为，并处以 3 万元罚款。

解读 此案例向正面清单企业传达了一个明确的信息：尽管享受政策优惠，企业仍须模范遵守法律法规，维护规范的环境管理。企业的行为凸显了以下几个关键点：

正面清单制度的双刃剑效应：该制度旨在鼓励和奖励守法企业，但同时也要求企业严格遵循环保法规。一旦违反，不仅会受到法律制裁，还可能失去正面清单的资格和相关优惠。

环境监管的科技运用：通过非现场清单式执法检查，如在线监控和智能分析等技术，使得环境监管更加高效、精准。使用这种监管方式能够及时发现和纠正企业的违法行为，保护环境安全。

企业环境责任的重要性：企业需确保其废水排放方式和去向符合排污许可证的规定，以及其他相关环境保护法律法规。违法行为不仅会导致经济损失（如罚款），还会影响企业声誉和可持续发展。

4.3.11 氮氧化物排放超标案例解读

案例摘要：

一家公司因 2022 年氮氧化物排放量超出许可证规定的标准被查处。该公司排放的氮氧化物总量达到 23 t，超过了许可证规定的 12 t，超标幅度达到 91.7%。当地生态环境局通过数据监控系统发现了这一超标排放行为，并在现场检查中发现了设备落后、锅炉风机匹配不当等问题。企业随后采取了使用更洁净的生物质燃料、改善设备和管路管理等整改措施，有效降低了氮氧化物排放至 50 mg/m³。因企业积极整改，原处罚款 39 万元减免 30%～50%。

解读 此案例凸显了环境保护中几个关键的方面：

数据监控的重要性：实时数据监控系统的应用对于及时发现并处理环境违

规行为至关重要。它能够有效监控企业排放水平,确保企业遵守环境保护法律法规。

企业设备与管理的重要性:企业应定期检查和升级其设备,确保技术不落后,管理到位,避免因设备和管理缺陷造成的环境污染。

整改措施与企业责任:面对环境违规行为,企业应迅速采取有效的整改措施,并对环境污染负责。这不仅是对自身长远发展的负责,也是对社会和环境的负责。

政策执行的坚定与灵活性:政府在执行环保政策时,既要坚定不移,也要考虑企业整改的努力和态度,适时调整处罚措施,既保证法律法规的严肃性,又鼓励企业积极改正。

4.4　排污许可相关行政处罚案例汇总

根据公开案例材料,去除关键信息后进行概化整理,方便实际工作中参考。

4.4.1　无证排污类案例

(1)未取得排污许可证排污案

案情简介:某铜业公司未申请排污许可证即进行生产,导致颗粒物排放,违反了《排污许可管理条例》第二条第一款的规定。

查处情况:某市生态环境局对该公司处以 20 万元罚款,并责令其改正违法行为。

(2)某新材料公司擅自改变管理类别无证排污案

案情简介:某新材料科技有限公司擅自改变排污许可管理类别,未申请排污许可证即进行生产。

查处情况:某市生态环境局对该公司处以 20 万元罚款,并责令其改正违法行为。

(3)某石材公司未取得排污许可证排放污染物案

案情简介:某石材公司在未取得排污许可证情况下开展生产,违反排污规定。

查处情况:公司违反《排污许可管理条例》第二条第一款,被罚款 23 万元,被责令停产整治。

(4)某五金制品有限公司未取得排污许可证排污案

案情简介:该公司从事冶炼业务,属于《固定污染源排污许可分类管理名录(2019 年版)》中的重点管理类别。2022 年 6 月 30 日,生态环境局执法人员在专项执法检查中发现,该公司正在生产但未取得必要的排污许可证。

查处情况:公司违反了《排污许可管理条例》第二条第一款,依据条例第三十三条第一款,被处以20万元罚款,并被责令改正违法行为。

(5)某机械制造公司未取得排污许可证排放污染物案

案情简介:某市一家机械制造公司,在未依法取得排污许可证的情况下,其年产3 000吨阀门铜配件生产线在正常运行期间,违法向大气中排放粉尘等污染物。

查处情况:公司违反《排污许可管理条例》第二条第一款规定,被责令立即改正违法行为,并被处以20万元罚款。

4.4.2 超标排放类案例

(1)某矿业公司超排污许可限值排放水污染物案

案情简介:某矿业公司因废水中总锌浓度严重超标,涉嫌超出排污许可证规定的水污染物排放标准。

查处情况:公司违反《排污许可管理条例》第十七条第二款,被责令改正并处以34万元罚款。

(2)某污水处理厂超许可排放浓度排放水污染物案

案情简介:该污水处理厂总磷、氨氮浓度超过排污许可证规定的最高允许排放浓度。

查处情况:公司违反《排污许可管理条例》第十七条第二款,被罚款21万元。

(3)某化工有限公司超标排污案

案情简介:2023年,该公司的废气排放口二氧化硫浓度连续多次超过标准值。

查处情况:公司违反了《中华人民共和国大气污染防治法》和《排污许可管理条例》的相关规定,被罚款36万元,并被要求立即整改。

(4)废水排放超标案

案情简介:在某食品公司(主要从事屠宰业务)发现其废水排放中总磷浓度达到9.42 mg/L,超过当地规定的排放限值1.2倍。

查处情况:公司违反了《中华人民共和国水污染防治法》第十条和《排污许可管理条例》第十七条第二款的规定,根据《排污许可管理条例》第三十四条第(一)项被处以20万元罚款,并被责令限期改正违法行为。

(5)某造纸公司超许可排放大气污染物案

案情简介:某造纸公司在自动监测设备维护不当的情况下,废气排放中的颗粒物和氮氧化物浓度超过了排污许可证规定的标准限值。

查处情况:违反《排污许可管理条例》第二十条和第十七条,公司被处以 25.489 1 万元罚款,并被责令改正违法行为。

4.4.3　排污许可证执行报告和管理台账不符合要求的案例

(1)某重工集团未按台账管理要求记录案

案情简介:未按排污许可证台账管理要求记录预处理生产线的生产设备运行台账及原辅料用量台账记录。

查处情况:依照《排污许可管理条例》第三十七条第一项,处以罚款 0.5 万元。

(2)某食品公司未按要求记录环境管理台账案

案情简介:未按照排污许可证要求记录环境管理台账。

查处情况:依照《排污许可管理条例》第三十七条第一项,处以罚款 0.5 万元。

(3)某热交换系统公司未提交排污许可证执行报告案

案情简介:公司未提交排污许可证申领后的排污许可证执行报告。

查处情况:依照《排污许可管理条例》第三十七条第三项,处以罚款 0.5 万元。

(4)某电动工具厂未提交排污许可证执行报告案

案情简介:公司未提交排污许可证申领后的排污许可证执行报告。

查处情况:依照《排污许可管理条例》第三十七条第三项,处以罚款 0.575 万元。

(5)某塑业有限公司未建立环境管理台账记录制度案

案情简介:2022 年 7 月 21 日,执法检查中发现该公司在生产过程中未依法建立环境管理台账记录制度。

查处情况:违反《排污许可管理条例》第二十一条第一款。后经整改,根据相关法律规定未处罚,采取批评教育方式处理。

(6)某精密工业有限公司未提交排污许可证执行报告案

案情简介:某年 11 月,原环保局在检查一家精密工业公司时,发现其未提交排污许可证执行报告。

查处情况:违反《排污许可管理条例》第二十二条第一款。罚款 2.5 万元,并责令改正。

4.4.4　未依法重新申领排污许可证排污案例

（1）某公司未重新申请取得排污许可证排放污染物案

案情简介：生态环境局发现某公司在新增表面处理工序后，未重新申请取得排污许可证。

查处情况：该公司未按照《排污许可管理条例》规定重新申请排污许可证，被责令三个月内改正违法行为，并被罚款20万元。执法人员将加强检查，督促排污单位增强主体责任意识。

（2）某印染公司未重新申领排污许可证案

案情简介：某印染公司在进行技术改造和设备更新后，未依法重新申领排污许可证。该公司的新增设备已投入生产，但未及时更新其排污许可证。

查处情况：根据《排污许可管理条例》第三十三条第一款第（四）项的规定，该公司被处以20万元罚款。同时，被责令在三个月内完成排污许可证的变更工作。

（3）某包装制品公司未依法重新申领排污许可证排污案

案情简介：某包装制品有限公司在变更排污许可证后擅自恢复使用未列入许可的设施，导致大气污染物排放。

查处情况：某市生态环境局对该公司处以26万元罚款，并责令其改正违法行为。

（4）某印染公司未重新申领排污许可证案

案情简介：在设备更新和技改项目后，新增染缸未重新申领排污许可证。

查处情况：违反《排污许可管理条例》相关规定，公司被罚款20万元，并被责令在3个月内完成排污许可证的变更。

4.4.5　未按排污许可证要求开展自行监测案例

（1）某化工公司自行监测不符合排污许可证规定案

案情简介：在排污许可证规定的自行监测方案中，部分监测因子频次与排污许可证不一致。

查处情况：依照《排污许可管理条例》第三十六条第五项，罚款8.92万元。

（2）某新材料科技公司未按要求监测废气案

案情简介：未按排污许可证要求的监测频次对有组织废气排放口进行废气监测。

查处情况：依照《排污许可管理条例》第三十六条第五项，处以罚款2万元。

（3）某塑业公司未按排污许可证规定开展自行监测案

案情简介:某塑业有限公司未按照排污许可证要求开展自行监测,缺少关键监测数据。

查处情况:某市生态环境局对该公司处以2.2109万元罚款,并责令其改正违法行为。

(4)某衣架厂未按排污许可证规定开展自行监测案

案情简介:某衣架厂未按排污许可证要求进行自行监测。

查处情况:某市生态环境局对该厂处以1.8万元罚款,并责令其改正违法行为。

(5)某医院未按排污许可证要求开展自行监测案

案情简介:医院排污许可证要求每周监测,但实际仅每季度进行一次。

查处情况:违反《排污许可管理条例》第十九条,被处以8万元罚款。

(6)某纸业有限公司未按排污许可证规定开展自行监测案

案情简介:2022年7月5日,检查发现该公司未按排污许可证要求对特定污染物进行自行监测。

查处情况:违反《排污许可管理条例》第十九条第一款。经整改后,根据《行政处罚法》第三十三条第一款,未予处罚。

(7)某机械有限公司未按规定开展自行监测案

案情简介:某年5月,原环保局发现一家机械公司未按排污许可证要求开展自行监测。

查处情况:违反《排污许可管理条例》第十九条第一款。罚款10.6万元,并责令改正。

(8)某中心医院未制定自行监测方案

案情简介:某区中心医院在正常运行过程中未按照排污许可证规定制定自行监测方案并开展自行监测。

查处情况:该区生态环境局对医院进行了罚款2万元的行政处罚,强调医疗机构作为排污单位承担的环境保护责任。

4.4.6　自动监测设备未安装或未正常运行案例

(1)某材料公司未保证自动监测设备正常运行案

案情简介:某材料公司自动监测数据显示烟气中氮氧化物浓度超标。由于炉膛维修后烟道管路不合理,导致烟气中氧含量过高,使氮氧化物折算浓度值异常增高。

查处情况:公司未依法维护自动监测设备,违反了《排污许可管理条例》第二十条第一款。该市生态环境局根据第三十六条第四项对该公司处以 8.75 万元罚款,并责令其改正违法行为。

(2) 某玻璃公司未保证污染物排放自动监测设备正常运行案

案情简介:该公司污染物排放自动监测设备因未及时维护出现故障,无法正常运行。

查处情况:违反《排污许可管理条例》第二十条第一款,被处以 3.749 8 万元罚款。

(3) 某再生资源开发有限公司未安装废气在线监测设备案

案情简介:某年 12 月,原环保局在检查一家再生资源公司时,发现其未完全安装废气在线监测设备。

查处情况:违反《排污许可管理条例》第二十条,罚款 6.86 万元,并责令改正违法行为。

(4) 某县水泥公司未将监测设备联网案

案情简介:某县的一家水泥公司未在监控系统提交生产报告,擅自进行间断生产,且自动监测设备未重新联网上传数据。

查处情况:该公司因违反《排污许可管理条例》第二十条第一款,被罚款 2 万元,并被责令改正。对间断生产企业需严格落实排污许可管理要求。

4.4.7 违反排污许可登记管理案例

(1) 某金属材料公司未按法规填报排污登记和无组织排放案

案情简介:公司未在排污许可证管理信息平台填报信息,生产车间未密闭导致挥发性有机物废气排放。

查处情况:违反《排污许可管理条例》第二十四条和《中华人民共和国大气污染防治法》第四十五条,被处以 1 万元和 6 万元罚款。

(2) 某花卉公司违反排污许可登记管理案

案情简介:某花卉公司在建设新锅炉项目时未办理环评、竣工环保验收和排污登记管理。同时,企业向农灌沟渠排放种植废水。

查处情况:违反相关法律法规,公司被处以 68.62 万元罚款,公司法定代表人被处以 10.9 万元罚款。

(3) 某化工有限公司未填报排污登记表案

案情简介:某年 12 月,生态环境局在检查一家化工公司时,发现其未在排污许可证管理平台上填报排污登记表。

查处情况:违反《排污许可管理条例》第二十四条第三款。罚款 6 000 元,并责令改正。

4.4.8　污染治理设施不正常运行或偷排案例

（1）某铝业铸造公司违法排污案

案情简介：一家铝业铸造公司的废气处理设施由于损坏而未能正常运行，导致废气直接排放。该公司未按照排污许可证规定处理废气，存在明显的环境违法行为。

查处情况：依据《排污许可管理条例》第三十四条第二项及第四十四条第二项，以及《中华人民共和国环境保护法》第六十三条第三项，公司被判处 49 万元罚款。违法行为严重的负责人员被移送公安机关进行行政拘留。由于该公司未履行停产整治决定，继续拒绝改正违法行为，最终被责令停业、关闭。

（2）某橡塑制品公司逃避监管排放大气污染物案

案情简介：某橡塑制品公司在正常生产时，其大气污染防治设施未运行，导致废气未经处理直接排放。同时，公司的自动监测设备也未开启，未按排污许可证要求开展自行监测。

查处情况：违反《排污许可管理条例》第十七条和第十九条，公司被责令改正违法行为，并被处以 46.834 万元罚款。相关责任人员被移送公安机关进行行政拘留。

（3）某化纤公司非法排放废水案

案情简介：一家化纤公司被发现非法排放含有有害化学物质的废水到附近河流中，废水未经过任何处理，直接威胁到了当地水体的环境安全和居民健康。

查处情况：该公司因违反《中华人民共和国水污染防治法》和《排污许可管理条例》相关规定，被环境监管部门处以重罚，并要求立即停止违法排放行为，进行环境整治。

（4）某电镀厂未按要求处理有害废物案

案情简介：一个电镀厂在处理含重金属的废水过程中，未采用规定的处理方法，导致有害物质直接排放到环境中。

查处情况：该电镀厂违反了《排污许可管理条例》的相关规定，被环境监管部门责令立即整改并处以罚款，同时对负责人进行了法律责任追究。

4.4.9　未履行信息公开义务案例

（1）某新能源材料有限公司未如实公开污染物排放信息案

案情简介：在 2022 年 7 月 14 日的执法检查中发现，该公司未按排污许可证规定公开污染物排放信息。

查处情况:违反《排污许可管理条例》第二十二条第一款。经整改,根据相关法规,未予以行政处罚。

4.4.10 超总量排放案例

(1)某造纸厂超量排放废气案

案情简介:一家造纸厂在生产过程中废气排放量超过了排污许可证上规定的限值,对周边环境造成了影响。

查处情况:根据《中华人民共和国大气污染防治法》和《排污许可管理条例》的规定,该造纸厂被环境监管部门处以罚款,并要求其立即采取措施减少废气排放,避免环境污染。

(2)某环保科技公司超许可排放二氧化硫案

案情简介:一家环保科技公司的废气中二氧化硫浓度严重超标,最高达到 $3\,500\ mg/m^3$。调查显示,每当制酸生产线启动,废气中二氧化硫浓度持续超标达 3 至 8 小时。催化剂温度仅 245℃,远低于正常运行所需的 400℃。

查处情况:公司违反《排污许可管理条例》第十七条第二款。该市生态环境局依据条例第三十四条第一项对公司实施了 24.6 万元的罚款,并要求立即采取有效措施。

(3)某建材公司超过许可排放量排污案

案情简介:某建材有限公司氮氧化物排放量超过排污许可证规定的年排放量限值。

查处情况:该市生态环境局对该公司处以 20 万元罚款,并责令其改正违法行为。

(4)某纺织印染有限公司超许可总量排放污染物案

案情简介:某年 7 月生态环境局在检查一家纺织印染公司时,发现其废水排放量超过排污许可证允许的限值。

查处情况:违反《排污许可管理条例》第十七条第二款。罚款 20 万元,并责令改正违法行为。

(5)某节能科技公司超排污许可年度总量案

案情简介:某节能科技公司 2022 年的氮氧化物排放总量超过排污许可核定的年度总量,超标 71.6%。

查处情况:违反《排污许可管理条例》第十七条,公司被该市生态环境局责令改正违法行为,并被处以 46.27 万元罚款。

4.4.11 现场情况同排污许可证不相符案例

（1）某建筑材料公司污染物排放口数量与排污许可证不符案

案情简介：公司实际运行的烟气排放口数量与排污许可证规定不符。

查处情况：违反《排污许可管理条例》第十八条第二款，被罚款 7.435 4 万元。

（2）某制版公司未按排污许可证规定设置排污口案

案情简介：某制版公司在其镀铜、镀铬生产线上仅设置了一个污水总排放口，未按排污许可证规定设置单独的含铬废水排放口。

查处情况：公司因违反《排污许可管理条例》第十八条第一款和第二款的规定，根据《排污许可管理条例》第三十六条第一项被处以 7.22 万元罚款。

（3）某金属制品公司污染物排放口数量不符合排污许可证规定案

案情简介：该公司在排污许可证载明的废气排放口外，还有一个未纳入排污许可证的 VOCs 废气排放口。

查处情况：生态环境局依据《排污许可管理条例》第三十六条第一项规定，对该公司责令改正，并处以 10.82 万元罚款。企业未如实申报旧有废气排放口信息，存在环境污染风险。

（4）某生物制品公司污染物排放口位置不符合排污许可证规定案

案情简介：该公司实际污染物排放口位置与排污许可证规定的位置不符，擅自更改排放口位置。

查处情况：城市管理行政执法局依据《排污许可管理条例》第三十六条第一项规定，责令公司改正违法行为，处罚款 3.8 万元。企业须保证污染物排放口位置与排污许可证规定位置的一致性。

4.4.12 通过排污许可进行诈骗的案例

某市诈骗团伙诱导办理排污许可证案

案情简介：某市生态环境部门接到群众咨询关于排污许可登记的电话。经查询，发现一些餐饮店和汽车维修店错误地填报了排污许可登记表。市生态环境局通过公告明确这些单位无需填报排污登记表，并提醒谨防上当受骗。

查处情况：经调查，诈骗团伙通过电话联系诱导个体商户付费办理排污许可，并通过公众号进行收费操作。市生态环境局收集证据并与市公安局合作，成功抓获该诈骗团伙。

4.5　排污许可相关司法判例摘要

根据公开资料，对于排污许可相关司法审判资料进行了摘要整理，供初学者学习、参考。

4.5.1　针对排污许可证标准对应的行政处罚争议摘要

在本案中，某市一家金属表面处理企业与市生态环境局之间发生了行政处罚争议。该企业对生态环境局作出的行政处罚决定提起行政诉讼，要求撤销该处罚决定。

（1）行政处罚的背景

某市生态环境局在一次检查中发现该企业生产废水排放口排放的总氮和总铜浓度超标。依据相关法律规定，决定对该企业处以500 000元罚款。

（2）企业的主张

该企业认为，处罚依据不当，指出处罚决定书缺乏充分证据支持。企业还提出，其排放的废水中总铜含量符合排污许可证规定，认为行政处罚决定书应被撤销。

（3）生态环境局的辩解

生态环境局表示，该企业排放的废水超标，并依法进行了处罚。生态环境局还提出，按照《电镀污染物排放标准》（GB 21900—2008），该企业的排放行为属于违法行为，因此处罚合理。

（4）法院的判决及理由

一审法院裁定撤销生态环境局作出的行政处罚决定书。判决认为，该企业的废水排放行为通过城市管网排入污水处理设施，属于间接排放，不适用《电镀污染物排放标准》（GB 21900—2008）直接针对环境水体的排放标准。同时指出生态环境局的行政处罚程序存在法律问题。

生态环境局对一审判决不服，提起上诉，但二审法院驳回其上诉请求，并维持原判。二审法院指出，虽然原判决在法律适用上存在瑕疵，但裁判结果正确。

总体来看，本案展示了环境保护法律在具体案例中的应用，以及行政处罚在法律程序和标准适用方面的复杂性。

4.5.2　无排污许可证的司法判例摘要

本案涉及某养猪场与某区环境保护行政综合执法支队（以下简称环保执法支队）的环境保护行政管理争议，主要围绕排污许可证和相关环境保护规定。

（1）排污许可证和环境影响评价文件

2014 年,某市环保局批准了养猪场的生猪养殖场建设项目环境影响评价文件。该文件规定了废水污染治理措施,如养猪场的排水系统需实行雨水收集输送系统分离,养殖废水和生活污水需进入沼气池处理后综合利用,严禁外排,并要求沼液暂存池和田间储存池采取有效的防渗、防雨、防洪措施。

（2）现场检查和违规行为

2018 年,环保执法支队对养猪场进行现场检查,发现其将沼液暂存池内的沼液排入未硬化的土坑内,导致沼液渗漏到外环境。此行为违反了环境影响评价文件中的规定,并导致严重的水体污染。

（3）行政处罚和法律依据

环保执法支队根据某市环境保护条例对养猪场作出行政处罚,罚款 30 万元。处罚依据了养猪场排放的废水污染指标严重超标及其通过未经许可的方式排放污染物的行为。法院认为,养猪场的行为违反了《中华人民共和国环境保护法》等相关法律法规。

（4）法院判决

法院认为养猪场的排污行为违法,其排污许可证仅包括废气和噪声,不包括废水排放。养猪场的行为不符合其获批的环境影响评价文件要求,违反了相关环保法律法规。因此,法院驳回了养猪场的上诉请求,维持原判决。

4.5.3　超标排放司法判例摘要

（1）案件背景

某市生态环境局与某制药公司的环境保护行政管理案。在此案中,某制药公司被某市生态环境局指控违法排放污染物。生态环境局在 2019 年 7 月对该公司进行了立案调查,发现其存在超标排放污染物的行为,并于 2019 年 10 月对公司作出罚款六十万元的行政处罚。

（2）法律争议焦点

核心争议在于行政处罚的适用标准问题。生态环境局施加的处罚是基于氮氧化物排放不超过 200 mg/m³ 的标准,而制药公司主张的标准是不超过 400 mg/m³。一审法院认为,应适用 400 mg/m³ 的标准,因为生态环境部门和河南省政府未将公司所在区域划定为重点区域。

（3）一审判决及上诉

一审判决撤销了生态环境局的处罚决定,随后生态环境局提起上诉。上诉理由包括原审法院错误适用了污染物排放标准,并未考虑公司所持有的排污许可证中规定的 200 mg/m³ 标准。

（4）二审裁决

二审法院查明，排污许可证中确实规定了 200 mg/m³ 的排放限值，而公司实际排放浓度超标。因此，生态环境局对公司的行政处罚有充分的事实和法律依据。二审法院支持上诉，改判维持原行政处罚决定有效。

4.5.4 超标排污司法判例摘要

（1）案件基本情况

某五金电镀公司因不服某区人民法院的行政判决，向某市中级人民法院提起上诉。案件涉及环保行政处罚，原告为该五金电镀公司，被告为某市生态环境局。原告不同意环境局对其作出的 20 万元罚款处罚。

（2）排污许可证相关事实

某县生态环境局于 2018 年检查时发现，该五金电镀公司虽持有有效的排污许可证，但实际废水排放量远超许可排放量。证据包括自来水公司的水费单、监测报告等。据此，生态环境局认定公司违反了排污许可证的要求，决定给予 20 万元罚款的行政处罚。

（3）上诉公司主张及被告答辩

上诉公司认为，被告使用的某省污染物排放许可证作为执法依据已失法律效力，且对于是否"超量"的认定错误，主张应用国家排污许可证且其废水排放是达标的。被告在答辩中坚持其处罚决定的合法性，提出该县某自来水公司的水费单显示，上诉公司 2017 年全年废水排放量远超许可排放量。

（4）法院判决与结论

二审法院认为，原审法院未考虑被告作出行政处罚决定程序违法的问题，且被告在认定上诉公司违法事实时，只考虑废水排放量而未对排放的污染因子进行测算，因此认定被告作出的行政处罚决定主要证据不足。最终，二审法院支持上诉公司的上诉请求，撤销原判决及被告的行政处罚决定，并由被告承担诉讼费用。

4.5.5 污染治理设施不正常运行案司法判决摘要

（1）案件背景与违法事实

某电力线路器材公司（以下称"电力公司"）因不服某市生态环境局的行政处罚决定，提起上诉。电力公司主要从事电力金具生产。该公司持有的排污许可证已超过有效期，且未申请延续。生态环境局在检查中发现电力公司生产废水未经完全处理直接排放，且污泥浓度低，表明污染物处理设施运行不正常。

（2）生态环境局的行政处罚

生态环境局对电力公司的上述违法行为作出处罚,包括责令停止违法行为、限期改正,并处以 10 万元罚款。处罚决定依据《排污许可管理条例》,电力公司对此提出行政复议和诉讼,要求撤销处罚决定。

（3）诉讼过程与电力公司主张

电力公司在诉讼中主张,其已经完善并递交了续期申请资料,请求免除处罚。电力公司还提出,生态环境局在作出处罚决定前,未经正规立案和调查程序,且给予了两次处罚(包括停产停业和罚款),认为此举违法。

（4）法院判决与理由

二审法院维持了原判,认为生态环境局的处罚决定有事实和法律依据。法院指出,电力公司的排污许可证已过期且未延续,违反了相关法规。关于电力公司提出的断电行为,并非行政处罚,而且与逾期未办理排污许可证的违法行为不具关联性。法院认为,生态环境局在作出行政处罚前已充分保障电力公司的合法权利,包括调查取证和告知陈述、申辩及听证权利,因此驳回了电力公司的上诉请求。

4.5.6　排污许可相关技术服务纠纷司法判例摘要

（1）案情概述

本案为某环保公司与某食品公司之间的技术服务合同纠纷。某环保公司（原告）提供排污许可证的申办服务,与某食品公司（被告）签订技术服务合同。合同约定服务费为 10 000 元,分两期支付:首期 5 000 元在合同签署后七个工作日内支付,余款在取得排污许可证后支付。原告完成服务后,被告支付了首期款项但拒绝支付余款。

（2）合同履行与争议焦点

原告按合同要求为被告完成了排污许可证申报工作,被告也于指定时间内取得了许可证。但被告以公司股权变更为由,拒不支付余下的服务费 5 000 元。原告因此提起诉讼,请求法院判令被告支付剩余服务费及逾期利息。

（3）证据审查与法院判决

法院审理后认定,原告提交的微信记录、合同、银行转账凭证和排污许可证等证据足以证明原告履行了合同义务。被告的股权变更不影响其对原告的支付义务。因此,法院支持了原告的诉求,判决被告支付剩余服务费 5 000 元及从 2020 年 10 月 1 日起至实际支付日止的逾期利息。

（4）反诉驳回与案件结论

被告提出反诉，要求解除双方的技术服务合同，并要求原告返还已支付的服务费5 000元。法院审理后认为，被告未能提供充足证据证明其主张，因此驳回了被告的反诉请求。最终法院判决被告支付原告剩余服务费和逾期利息，驳回被告的反诉请求。

（5）结论

本案例突出了合同履行中的责任和义务，尤其是在涉及排污许可证服务时，合同双方必须严格遵守约定，即使发生内部股权变更，也不得影响合同义务的履行。

4.6　排污许可相关提案及建议

根据生态环境部门的公开资料，对于排污许可相关提案或建议的答复进行了摘要整理，供初学者学习、参考。

4.6.1　关于加强完善全国环境要素市场顶层设计建议的答复摘要

（1）推动相关立法

全国碳市场作为实现碳达峰碳中和目标的关键政策工具，目前主要依赖《碳排放权交易管理暂行条例》等规范性文件，该文件的出台有力地完善了配套制度和技术规范的建设，推动构建全面制度体系。此外，《温室气体自愿减排交易管理办法（试行）》的修订，更是极大推进了温室气体自愿减排交易市场的建设。

（2）加强全国碳市场顶层设计

重视全国碳市场的基础设施建设，包括碳排放权注册登记系统和交易系统的建设与运维。同时，优化环境信息平台，增强碳排放数据的报送与监管能力，并进行相关人才培养和能力建设。计划继续优化注册登记系统和交易系统，加强数据安全和风险防范，构建全国碳排放一体化监管平台，提高管理效率和决策科学化水平。

（3）探索建立全国统一的排污权交易市场

排污权交易作为优化资源配置、促进污染减排的有效手段，已在多个省份开展试点。计划总结试点经验，完善政策措施，建立健全排污权使用和交易制度体系，推动排污权交易与排污许可制度的有效衔接，优化排污许可证管理信息平台，支持排污权交易信息化管理。

（4）实施排污许可制，优化管理和交易

积极推动排污权交易与排污许可制度的衔接，全面实行排污许可制，为排污权提供确认凭证和管理载体。计划完善排污许可技术体系，支持排污权交易管理,优化全国排污许可证管理信息平台。配合相关部门,推动市场化排污权交易机制的形成,协同减污降碳,持续改进生态环境质量。

4.6.2　关于进一步加强环境保护工作建议的答复摘要

(1)进一步加强区域发展与保护统筹

自 2016 年起,生态环境部(包括原环保部)实施了"三线一单"工作方案,以此优化空间利用格局和开发强度,规范开发建设行为。实验性项目在连云港、承德等城市进行,后扩展至长江经济带和青海省。基于试点经验,相应的技术指南和数据规范被制定出来,用于指导地方编制工作。

(2)进一步完善环境标准体系建设

自 1973 年以来,中国已建立了两级五类的环境保护标准体系。截至 2018 年 5 月底,中国实行 1879 项环境保护标准。为解决标准中存在的问题,生态环境部加强了标准体系建设,发布了《国家环境保护标准"十三五"发展规划》。同时,启动了工业炉窑、恶臭污染等标准的修订任务,针对 VOCs 排放重点行业制定了相关排放标准。

(3)进一步实施排污许可制改革

根据 2016 年国务院办公厅发布的《控制污染物排放许可制实施方案》,生态环境部推进了排污许可制改革。这包括制定排污许可管理办法、发布排污许可分类管理名录,以及加快完善法规体系。2017 年,通过排污许可管理信息平台核发了两万余张排污许可证。生态环境部还推动了排污许可与其他环境管理制度的衔接,规定了排污许可证中的许可排放量即为企事业单位的总量控制指标。

(4)加快推进环保垂直管理改革

生态环境部和中央编办推进了这一改革,取得积极进展。11 个试点省份加强了环保机构和队伍建设,持续推进县级环境监测、执法标准化建设。下一步,生态环境部将结合地方机构改革和生态环境保护综合行政执法改革,推动治理重心下移,解决基层环保部门能力不足等问题。

4.6.3　关于落实噪声污染防治法噪声监测信息公开相关规定建议的答复摘要

(1)《中华人民共和国噪声污染防治法》的实施和声环境自动监测数据的公开

《中华人民共和国噪声污染防治法》(简称《噪声法》)于 2022 年 6 月 5 日开始实施,目的是防治噪声污染、保障公众健康、改善生活环境。生态环境部每年组织声环境监测,涵盖城市功能区声环境、区域声环境、道路交通声环境。监测数据通过生态环境部网站公开。如今,生态环境部正在建立声环境质量信息发布平台,推进城市功能区声环境自动监测和实时数据公开,拓展敏感区域监测。

(2) 公开重点排污单位的噪声自动监测结果

重点排污单位负有开展噪声排放自动监测的法定责任。生态环境部实施《重点排污单位名录管理规定(试行)》,要求噪声重点排污单位披露监测点位名称、位置、标准、排放限值、实际排放值等信息。目前,正在建设企业环境信息依法披露系统。《噪声法》要求工业噪声排污单位实行排污许可管理,开展自行监测,并在全国排污许可证管理信息平台上公开排污信息。生态环境部制定的《排污许可证申请与核发技术规范 工业噪声》(HJ 1301—2023)于 2023 年 10 月 1 日开始实施,极大推进了工业噪声排污许可制度的建设。

4.6.4 关于统筹规划工业废水处理的建议的答复摘要

(1) 工业废水污染防治措施

生态环境部、工业和信息化部、住房和城乡建设部重视工业废水处理,采取了严格的污染防治措施。重点包括严格监管工业废水排放,如通过排污许可证核发加强后监管,并督促企业按证排污。此外,推动工业节水和废水资源化利用,例如推广工业废水处理回用技术,发布节水工艺、技术和装备目录,并在重点用水行业实施水效领跑者引领行动。

(2) 工业废水污染物排放管控

为强化工业废水污染物排放管控,生态环境部已发布了造纸、印染、钢铁、石化等主要工业行业水污染物排放标准,并正在制修订其他行业的排放标准。同时,支持各地根据实际情况制定地方行业水污染物排放标准,削减水质超标污染物排放量。工业和信息化部则加快完善工业节水行业标准体系,推动工业节水国家标准的制修订工作。

4.6.5 关于拟优化企业排污许可证变更管理的答复摘要

(1) 政策规范的完善与排污许可核算规范的明确化

自 2016 年以来,国务院及生态环境部发布了一系列关于排污许可证的政策和规定。2016 年 11 月,《控制污染物排放许可制实施方案》发布,标志着排污许可制度改革的正式实施。紧接着,2021 年 3 月,《排污许可管理条例》进一步强化了排污许可制度的法律地位。生态环境部已发布相关行业的排污许可证申请与核发技术规范和排污单位自行监测技术指南,这些规范和指南为排污许可核发工作提供了充分的技术支持。

（2）分级审核的实行与审核程序的优化

潍坊市采取了排污许可证的分级管理审核制度，由市生态环境局负责重点管理的排污许可证审批，各分局负责简化管理的排污许可证审批。排污许可证的审核流程包括"预审—会签—审批"三级审核程序，全程网办。考虑到排污许可证申请填报的复杂性，市生态环境局对审核程序进行了优化，实施了"首审负责制"，确保每家单位经过两次审核后不出现新问题，同时提供现场帮扶和上门服务，以解决企业在填报上的难题。

（3）分项目审核的实施与加快审核进度的措施

根据《排污许可管理条例》，每家排污单位只能申请一张排污许可证，新建、改建、扩建项目后需要重新申请排污许可证。为了加快审核进度，潍坊市生态环境局采取了一系列措施，包括探索环评与排污许可同步审批，以及通过政府购买服务增加技术审核人员，提高审核效率，缩短审核周期。

4.6.6 关于加强环境保护税体系建设建议的答复摘要

（1）排污企业科学计税方式的确定

为完善环境保护税计税依据，生态环境部与税务总局依据《中华人民共和国环境保护税法》制定了科学的计税方法。2021年发布的《关于发布计算环境保护税应税污染物排放量的排污系数和物料衡算方法的公告》进一步明确了四种计税方法，包括适用于排污许可管理的排污单位的排（产）污系数和物料衡算方法，以及对于不属于排污许可管理的排污单位，适用的省级生态环境主管部门制定的抽样测算方法。

（2）排污许可制度与环境保护税的有效衔接

为强化排污许可技术成果与环境保护税的结合，生态环境部发布了70多个排污许可证申请与核发技术规范以及200多个工业行业产排污系数手册。这些系数和方法被用于环境保护税污染物排放量的计算。生态环境部还将全国排污许可证管理信息平台与环境保护税涉税信息平台进行对接，实现了数据的批量推送与共享，为依证纳税提供支撑。

4.6.7 关于完善公开重点企业执法监测信息提案的答复摘要

（1）污染源监测与信息公开的现状和进展

自2021年3月1日起实施的《排污许可管理条例》从法律层面确立了以排污许可制为核心的固定污染源监管制度体系，促进了污染源监测管理框架的形成。

该框架基于排污单位自行监测、政府部门依法监管和社会公众监督的三方协作模式。为提高透明度,生态环境部推动排污单位在全国排污许可证管理信息平台公开污染物自行监测信息。执法监测方面,地方生态环境部门根据管理需求开展执法监测并全面公开相关信息。

(2) 重点排污和环境风险管控单位名录管理的加强

2021 年 10 月,生态环境部起草了《重点排污和环境风险管控单位名录管理规定(征求意见稿)》,对"重点排污单位"和"环境风险管控单位"的定义及信息公开要求进行了明确规定。此举旨在优化信息公开相关内容,并确保生态环境部平台的建设和监督管理要求得到明确。

(3) 生活垃圾焚烧发电行业自动监测数据的管理与公开

特别重视生活垃圾焚烧发电行业的污染源监测及信息公开,生态环境部建立了生活垃圾焚烧发电厂自动监测数据公开平台,并印发了相关部门规章和文件,明确要求新建焚烧发电厂主动向社会公开自动监测数据。自 2020 年 1 月起,按日公开污染物浓度日均值等数据,并按季度公开环境违法行为处理处罚情况。截至 2021 年底,全国 678 家焚烧发电厂的 1 495 台焚烧炉实现全面联网公开。

4.6.8 关于全面实行排污许可制,推进排污权、用能权、用水权、碳排放权市场化交易提案的答复摘要

(1) 排污许可制的实施和监管

自 2016 年起,中国启动了全面实施排污许可制的进程,旨在覆盖所有固定污染源。根据《控制污染物排放许可制实施方案》,目标是到 2020 年完成所有固定污染源的排污许可证核发。2017 年至 2020 年间,完成了 112 个行业排污许可证的核发和排污登记任务。截至 2020 年底,河北省累计核发了 2.38 万张排污许可证,覆盖了 16.97 万家企业。此外,该省还推进了排污许可证事中事后监管工作,确保排污许可制度的落实和执行。

(2) 推进排污权及其他环境权益市场化交易

河北省积极推进排污权交易,建立了交易政策制度体系和交易平台,并制定了排污权交易基准价格。所有新(改、扩)建项目的新增排污权通过排污权交易获得。截至 2021 年 6 月底,全省排污权交易总额达 14.014 8 亿元。省内还积极发展用能权和用水权市场,通过中国水权交易所平台等进行水权交易。

(3) 加强政策宣传与培训

已组织了多次排污许可培训会、调度会、座谈会,传达学习相关政策法规。

通过网络和社交媒体等方式公开发送《致全省排污单位的一封信》,向企业介绍排污许可发证、变更、延续、撤销等程序,并明确了对违法排污行为的处理措施。这些措施旨在提高社会公众对排污许可制度的认识,并促进企业的守法意识。

4.6.9　关于加快排污许可证国家层面立法提案的答复摘要

（1）排污许可证制度的发展与法律背景

排污许可证制度作为一种国际通行的环境管理制度,在中国已有二十多年的实践经验。主要的环保法律,如《中华人民共和国水污染防治法》和《中华人民共和国大气污染防治法》,均明确规定了排污许可证制度。新修订的《中华人民共和国环境保护法》进一步加强了排污许可制度,尤其是对无证排污行为的惩罚。自 2001 年起,我国在流域层面实施了排污许可证管理规定,多个省份也出台了相关的管理规章。近年来,根据中央全面深化改革的要求,生态环境部已制定《排污许可管理条例》和《排污许可管理办法》,旨在构建完善的法律法规体系。

（2）排污许可证制度的实施与改革

排污许可证制度的全面推广和改革是环境管理工作的重要组成部分。环保部门正通过在浙江省开展的排污许可管理制度改革试点,整合环评审批、总量控制等相关制度,建立以排污许可证为核心的"一证式"管理制度。此外,修订《中华人民共和国大气污染防治法》和《中华人民共和国水污染防治法》,制定《排污许可管理条例》和《排污许可管理办法》都是近年来针对排污许可证制度开展的重点工作。

（3）排污权核定与超总量排污处罚细则

自 2007 年以来,中国已在多个省份开展排污权交易试点,根据这些试点的经验,国务院出台了相关指导意见,强化排污权核定、交易管理。生态环境部门出台了一系列文件,旨在准确核定企业的污染物排放量,并考虑与排污许可证管理要求的统筹衔接。此外,针对已建立的污染物排放量核查核算方法和污染治理设施运行监管体系,生态环境部门加强了企业污染源自动监控能力建设,并起草了关于应用污染源自动监控数据的规定,对超标超总量排污的行为提出具体的处罚要求。

4.6.10　关于制定统一的《污染物排放许可法》提案的答复摘要

（1）排污许可制度的现行法律框架

排污许可制度是一项国际通行的环境管理制度,对固定源污染防治起着重要作用。在中国,排污许可制度已在《中华人民共和国水污染防治法》、2014年修订的《中华人民共和国环境保护法》和2015年修订的《中华人民共和国大气污染防治法》中得到明确规定。根据现行环保法律,实行排污许可管理的企业和生产经营者必须按照排污许可证的要求排放污染物,而未获得排污许可证的单位不得排放污染物。

（2）排污许可制度的改革与整合

生态环境部正推动排污许可制度的改革,目标是逐步建立覆盖所有固定污染源的排污许可制。此举旨在将排污许可制度作为固定源环境管理的核心,整合包括环境影响评价、环境标准和总量控制等在内的多项环境管理制度。排污许可证将转向综合许可证模式,涵盖水污染物和大气污染物,并计划扩展到固体废物等其他污染物。此外,实行"一证式"管理旨在减轻企业负担,排污许可制度将成为环保部门监管、企业遵规守法和公众监督的基础。

（3）排污许可与环境影响评价的协调

排污许可制度与环境影响评价制度的整合是关键,以实现固定源事前审批与事中事后监管的有机衔接。环境影响评价侧重事前预防,主要论证新建项目的选址合理性和环保措施的可行性;而排污许可则重在事中事后监管,控制企业的实际排污行为。两者相辅相成,不可或缺。生态环境部计划通过排污许可制度改革,逐步整合并完善两者的审批程序,实现无缝对接。《排污许可管理条例》已经2020年12月9日国务院第117次常务会议通过,自2021年3月1日起施行。

第5章

监管与合规：技术审核、现场检查要点

5.1　典型审核意见及解读

5.1.1　线上审核意见梳理及解读

(1) 法定代表人发生调整未及时变更。

解读　法定代表人变更后,应在 **20** 个工作日内发起变更。

(2) 营业执照名称与排污许可证排污单位名称不一致。

解读　需要核对企业名称及信用代码,同排污许可证保持一致。

(3) 监测方案遗漏部分监测因子。

解读　根据监测技术指南要求,在自行监测方案和排污许可中补充必要的监测因子。

(4) 补充遗漏的厂内及厂界无组织监测点位。

解读　根据监测技术指南、环评等要求,监测点位分厂内无组织监测点位,排放口监测点、厂界无组织监测点、周边环境监测点。

(5) 图件存在不足。

①厂区范围及雨水排放口的位置与实际情况存在不一致,需更新平面布置图及监测点位图。

②生产厂区的平面布置图应明确标注雨水和污水的收集及运输路径。

③生产工艺流程图应包含处理工艺的完整流程,补充缺失部分以反映真实的生产活动。

④监测点位图遗漏无组织废气监测点位。

解读　图件应根据技术规范要求进行完善,要素要齐全。避免随便放一张图。

(6) 更新废水排放标准:审核并更正废水总氮等污染因子的排放标准,确保与环评及现行标准要求一致。

解读　部分申报企业将排放标准报错,或者使用了过期的排放标准。

(7) 补充许可证中的危险废物信息:在许可证中补充遗漏的危险废物活性炭信息,确保许可证内容的准确性。

解读　危险废物应避免遗漏,需要和危废实际产生及处置情况保持一致。

(8) 纠正监测方案中粪大肠菌采样方法:采用正确的粪大肠菌采样方法,确保监测数据的准确性。

（9）更新监测方案：在进行排污许可证延续时，监测方案未同步更新应同步更新监测方案。

（10）补充固废台账要求。

解读 确保固废管理符合台账记录要求，避免遗漏重要信息。

（11）遗漏废水在线监测故障时的污染物手工监测的要求。

解读 应对该要求在备注栏中进行备注。

（12）水污染物控制指标遗漏总氮和总磷。

解读 水污染物控制指标为化学需氧量、氨氮、总氮及总磷，避免遗漏。

（13）原辅材料遗漏有毒有害成分及占比。

解读 原辅料中要如实申报相关占比信息，具体含量可以查询供应商提供的物质安全属性表。

（14）补充喷漆间排气筒排风量等参数信息。

解读 应明确相关排风量，风量超过一定规模时要安装在线监测。

（15）废气排放口名称错误。

解读 对于排放口数量多的情况，应认真核实排气筒的名称，避免错误。

（16）自行监测方案中部分污染物的检测方法未更新。

解读 如存在新版检测方法，应在监测方案中使用。

（17）废水排放口的排放去向错误。

解读 常见的废水排放去向为直接排放、间接排放、回用等，应根据实际情况进行申报。

（18）根据原辅料和环评生产工艺，企业不产生 HCl 污染物，建议核实，如不涉及应删除该因子。

解读 申报时应结合实际生产工艺对应的污染物产生情况进行处理，避免多申报错申报的情况。

（19）排污许可证受纳污水厂 COD 接管标准错误。

解读 需要认真识别接管标准及污水处理厂最终排放的标准。接管标准只能是法定标准。

（20）固体信息管理表单中危险废物名称填报不规范。

（21）自行监测要求表单中遗漏完善自行监测质控和存档要求。

（22）环境管理台账记录模块遗漏活性炭的相关要求，固废记录台账和噪声监测记录台账。

（23）废气排放口类型填报有误,应根据排污许可证申请与核发技术规范确定废气排放口类型。

（24）废气污染物治理工艺不是废气污染防治可行技术且未提供相关说明。

解读　排污许可技术规范对污染治理可行技术进行了规定,如果未采用可行技术,则需要额外提供相关说明。

（25）废气污染物排放标准未根据已发布新标准更新。

（26）废气遗漏特征污染物。

解读　废气相关污染因子需要根据环评、排污许可技术规范来确定,避免出现遗漏。

（27）监测频次不符合监测技术指南要求。

解读　监测频次应按照相关标准确定,避免出现低于标准要求的情况。

（28）该企业为土壤污染重点监管单位,应根据《工业企业土壤和地下水自行监测 技术指南(试行)》(HJ 1209—2021)补充土壤地下水监测内容。

（29）排放标准中遗漏厂区内非甲烷总烃监控点处任意一次浓度值。

解读　根据《挥发性有机物无组织排放控制标准》(GB 37822—2019),厂内无组织排放标准有一次值及小时值,避免遗漏。

（30）废水中总磷、氨氮、总氮不应执行推荐性标准《污水排入城镇下水道水质标准》(GB/T 31962—2015)。

解读　排污许可证的排放标准应执行生态环境管理部门的排放标准,避免执行其他部门的标准。

（31）落实 2015 年之后批复的环评报告中监测计划的要求。

解读　2015 年之后批复环评的监测要求,应同步落实。

（32）污染物标准单位错误,pH 值、臭气浓度无量纲。

解读　部分污染物是没有浓度单位的,不需要填写浓度。

（33）污染物执行标准错误,总体原则是行业标准优先于地方标准,地方标准优先于国家标准。

解读　根据《生态环境标准管理办法》,不同标准存在相应的优先级,应谨慎采用。

（34）遗漏填报固体废物自行利用设施信息,企业涉及自行利用的设施,也须填报相关设施情况。

（35）危险废物经营单位台账保存期限应不少于 10 年。

解读 危废行业台账管理有特殊要求。

（36）污染物许可排放量未和环评文件取严。

解读 对于重点管理排污单位，总量的计算需要根据技术规范进行计算，并对环评值从严处理。

（37）不同类型的固体废物，建议逐条填报，而不是混在一起申报。

解读 混合申报不符合相关规范要求，也不利于证后管理

（38）建议进一步核实企业是否属于重大变动，企业新增了较多生产设施，产品产能增大较多。

解读 如果排污单位即将对生产线等进行调整构成重大变动，则应先开展环评工作，再进行排污许可证变更或重新申请。

（39）许可排放量的取严应该是和环评、排污权交易等总量指标的取严，而不是上一次排污许可量的取严。

（40）废水申请排放浓度限值，应采用标准值，不可用环评批复值进行从严确定。

5.1.2　现场审核、检查意见梳理及解读

（1）应规范生产台账、环境管理台账，确保生产、污染防治设施运行管理信息、监测记录等。

解读 台账内容完整，并符合排污许可证的要求。对电子台账与纸质台账的同步保存，确保信息一致性。

（2）执行报告未按照规定日期申报。

解读 应按照规定时限要求开展申报。

（3）应上传季报排放量计算过程：按时上传季报，包括排放量计算过程的详细记录。

（4）未开展自行监测工作。

解读 如未开展自测工作，则面临相关处罚。如该企业涉及停产，应主动报备。

（5）废水排污口标志牌信息不全。

解读　废水排污口的标志牌上的信息并不完整，缺少了一些关键信息，如排污口编号、排放物质类型、排放标准等。

（6）废气排放口数量与排污许可证不一致。

解读　排污许可证记录的是允许排放的废气排放口数量，如果实际情况与许可证上的描述不符，如许可证中只允许有 1 个废气排放口，但实际上有 2 个。对此类情况应尽快开展重新申请。

（7）污水处理站恶臭废气采取的污染治理设施与排污许可证不一致。

解读　这指的是实际使用的恶臭废气治理设施（如喷淋塔、活性炭吸附等）与排污许可证中规定的治理设施不同。

（8）污水处理站恶臭废气排放口位置和高度与排污许可证载明信息不一致。

解读　排放口的位置和高度直接影响到废气的扩散和周围环境的影响。如果实际情况与许可证中的要求不一致，可能需要进行技术评估，以确定是否影响到废气排放扩散。

（9）监测平台数据填报：确保所有必要的环境监测数据在监测平台上得到及时填报。

解读　监测平台的数据填报对于跟踪企业的环境表现和及时发现问题至关重要，属于信息公开的要求，也有助于促进企业的环境透明度。

（10）安装流量在线监测设备：对于应安装但缺失的流量在线监测设备，需要尽快补充安装。

（11）免填报非名录内的登记：对于未纳入名录的登记事项，无需进行填报。

解读　登记类一般针对污染较轻的企业，这一措施有助于减少企业的负担，让企业更加专注重必要和关键的环境保护活动。

（12）监测平台报送率低。总磷、化学需氧量、肠道致病菌等无数据；pH 申报率偏低。

解读　排污单位应按照排污许可证要求开展信息公开申报，具体即在监测报告出具后 5 个工作日内完成申报。

（13）许可证中活性炭更换周期为 3 个月，企业实际更换周期为 6 个月。

解读　应按照排污许可证要求进行活性炭更换。

（14）污水处理设施与排污许可证中不一致，实际建有污水池、回用水池，生活污水、生产废水等全部回用。

（15）在监测工作中，废气无组织排放因子遗漏臭气浓度。

解读 自行监测工作中除了频次遗漏之外，另外常见的问题就是点位或监测因子遗漏。

（16）排污口标志牌遗漏二维码。

解读 根据《排污单位污染物排放口二维码标识技术规范》(HJ 1297—2023)，排污口标识牌上应张贴二维码。

5.2 排污许可审核要点

在《上海市排污许可证质量审核要点（2024年版）》的基础上进行了进一步优化修订，去掉了地方化的要求，在必要位置增加解读，使之对于广大申报、审核、研究人员更有参考价值。

5.2.1 基本条件

（1）发证前提条件

排污单位不得存在下列情形之一：位于饮用水水源保护区等法律法规明确规定禁止建设区域内；属于《产业结构调整指导目录（2024年本）》等国家产业政策目录中已明令淘汰或者立即淘汰的落后生产工艺装备、落后产品。

解读 产业结构调整指导目录已经更新为2024年版。行业分类可根据《国民经济行业分类》(GB/T 4754—2017)判定。

（2）批建相符性

主要审核排污单位的性质、生产地点、生产规模、生产工艺、污染防治措施等内容与相关环评文件（包括建设项目环境影响报告书/表及批复文件、环境影响登记表）的一致性，包括排放口数量、污染因子、危险废物贮存能力或处置方式等。

若排污单位就与环评不一致的内容提供了补充说明材料，需要根据《污染影响类建设项目重大变动清单（试行）》判定是否存在重大变动。如为重大变动，应先开展环评工作，然后再进行排污许可申请。

5.2.2 登记事项

按照许可证技术规范等要求，结合相关环评文件和申请材料，审核产品产能、原辅材料及燃料、产排污节点、污染治理设施等信息记载的完整性和规范性。

（1）行业类别

按照《国民经济行业分类》(GB/T 4754—2017)，结合环境影响评价文件等资料，以及排污许可证中的生产工艺、主要产品等信息，审核填报的行业类别是否正确。当涉及多个行业时，还应评估是否全部填报。

解读　部分企业会遗漏申报部分行业。判定有 **2** 个或以上行业纳入持证管理时，需要先确定主行业，然后其他行业也进行申报。

（2）管理类别

对照《固定污染源排污许可分类管理名录（2019 年版）》，审核排污单位许可证管理类别是否识别正确，重点关注是否存在降级管理。

解读　常见的问题是其他行业随意降级管理，仅纳入补充登记而未开展申报。

（3）排污单位基本信息

主要审核是否规范填写投产日期、污染控制区、相关环评文件和总量分配计划文件的名称及文号等信息。

解读　环评文件须规范、完整申报。

（4）主要产品及产能信息

主要审核是否规范填写生产设施（装置）、公共设施等信息。其中，"年生产时间"应采用环评文件等明确的年生产小时数据。

解读　"年生产时间"须采用环评文件规定的时间，如果环评未规定，则采用设计文件的时间数。

（5）主要原辅材料及燃料信息

主要审核原辅材料是否完整填写有毒有害成分及占比、纯度（特别是有机溶剂）等信息；燃料为煤炭时，是否完整填写硫分、灰分、热值等信息。

（6）产排污节点信息

主要审核是否依据排污许可证技术规范、环评文件等正确和规范填写废水和废气产污设施、排放形式、排放去向、治理措施等信息。

（7）污染治理设施信息

主要审核污染治理设施是否采用许可证技术规范明确的可行技术。未采用可行技术的，排污单位应提交证明具备同等污染防治能力的相关材料，如满足达标排放要求的监测报告、设计技术文件或设备手册等。

（8）固体废物登记信息

主要审核是否已按《排污许可证申请与核发技术规范工业固体废物（试行）》（HJ 1200—2021）要求填报工业固废信息。重点审核产生的工业固废种类、产生环节、去向等信息填报是否完整、规范。

（9）图件

按照许可证技术规范、环评文件及提供的补充说明材料，审核图件的完整性和规范性。

5.2.3 许可事项

按照许可证技术规范等要求，结合环评文件和申请材料，审核排放口、污染因子、许可排放限值和许可排放量的合规性和准确性。

（1）排放口

对于有组织排放，主要审核排气筒高度、数量是否和环评文件一致；排放口类型是否按照许可证技术规范正确识别。

对于无组织排放，主要审核无组织排放源（含厂区内和厂界）是否属于《挥发性有机物无组织排放控制标准》（GB 37822—2019）等规定的许可范围，即设备与管线组件泄漏（包括采样）；挥发性有机液体储存和调和损失；有机液体装载挥发损失；废水集输、储存、处理处置过程逸散；冷却塔和循环水冷却系统释放、工艺无组织（延迟焦化）六个环节。

（2）污染因子

主要审核排放口和无组织排放源是否准确识别了污染因子。对于许可证技术规范和环评文件中明确的污染因子，原则上应全面识别。排污单位做出承诺并提供充分材料证明不排放的污染因子，应重点关注其提供材料的充分合理性，以及是否在排污许可证中备注以下内容，"若后续监管中发现企业有上述污染物排放行为的，应依法依规从严处理"。

（3）许可排放限值

对于废水和废气，对照《生态环境标准管理办法》等文件，审核排放标准的选用和许可排放限值的取值是否规范。排放限值的选取原则为四点。一是有行业排放标准的，优先执行行业排放标准；行业标准中未做规定的污染因子，若排污单位确有排放且需要纳入管理的，经论证后属于排污单位主要污染物的，根据综合排放标准纳入排污许可证管理。二是有地方标准的，优先执行地方标准；若国家新颁布更严格的排放要求，在地标完成修订前，应执行更严格的排放要求。三是对于排放标准出台之后批复的建设项目，若其环评文件对污染物排放提出严于相关排放标准的要求，原则上应按环评要求执行。四是涉及多种类型废气(废水)混合排放的排放口，应同时执行各类废气(废水)相应的排放标准，各标准中存在重复的污染因子时，应从严确定其排放限值。

解读　常见的问题是废气、废水未使用新实施的标准。一般而言，标准的发布时间和实施时间是不同的，有的标准还有分步实施的情况，需要注意。

（4）许可排放量

①许可量控制因子

主要审核是否根据许可证技术规范，结合排污单位环评文件和本市相关文件确定许可量控制因子。原则上，废气许可量控制因子应包括颗粒物、二氧化硫、氮氧化物、挥发性有机物；废水许可量控制因子应包括化学需氧量、氨氮、总氮、总磷(直排)、一类污染物(若有)。

②许可排放量

主要审核许可排放量的计算和取值是否正确，是否符合排污许可证技术规范、环评文件、重点污染物排放总量控制等相关要求。

解读　一般而言，当地环保部门都有固定的总量核算模板，根据模板，结合技术规范进行核算，然后同环评等总量一起从严取值(取最小值)即可。

（5）固体废物许可信息

主要审核是否已按《排污许可证申请与核发技术规范工业固体废物(试行)》(HJ 1200—2021)的要求明确工业固废许可事项，工业固体废物自行贮存、利用、处置设施能力是否与环评文件一致。

5.2.4　管理要求

（1）排污单位主体责任

①自行监测

主要审核是否按照许可证技术规范、自行监测技术指南、污染物排放标准、环评文件等载明自行监测要求，包括监测范围、监测设施(手动或自动)、监测频次、自动监测设施安装要求等。手工监测频次原则上不应低于许可证技术规范要求，国家或本市另有规定的除外。对于应当安装自动监测设施而尚未安装的，"自动监测是否联网"应填"否"，并在"其他信息"中明确安装要求。

②台账记录

主要审核是否按照许可证技术规范、《排污单位环境管理台账及排污许可证执行报告技术规范 总则(试行)》(HJ 944—2018)等载明台账记录要求。重点关注监测记录信息和台账记录保存期限是否遗漏。

③执行报告

主要审核是否按照许可证技术规范、《排污单位环境管理台账及排污许可证执行报告技术规范 总则（试行）》（HJ 944—2018）等载明执行报告的上报频次、时间和主要内容。

④信息公开

主要审核是否按照《企业环境信息依法披露管理办法》等法规规范要求，载明公开的方式和内容等信息。

（2）其他控制及管理要求

①无组织排放管控要求

主要审核是否按照许可证技术规范、污染物排放标准、环评文件等载明无组织排放管理要求。

②固体废物环境管理要求

主要审核是否根据《固体废物污染环境防治法》、《一般工业固体废物贮存和填埋污染控制标准》（GB 18599—2020）、《危险废物贮存污染控制标准》（GB 18597—2023）等法律法规、标准及环评文件等载明固体废物收集、贮存、处理处置、台账记录、信息公开等方面的管理要求。

③土壤环境管理要求

主要审核是否根据《中华人民共和国土壤污染防治法》，在管理要求中载明土壤污染重点监管单位应当履行的义务，即严格控制有毒有害物质排放，并按年度向生态环境主管部门报告排放情况；建立土壤污染隐患排查制度，保证持续有效防止有毒有害物质渗漏、流失、扬散；制定、实施自行监测方案，并将监测数据报生态环境主管部门。

④其他环境管理要求

主要审核是否根据《排污许可管理条例》以及相关标准规范等要求，载明排放口规范化及标志牌设置、污染治理设施运行维护，无组织排放控制、冬防及重污染天气管理、固体废物环境管理、土壤及地下水污染防治、应急预案、清洁生产等其他管理要求。

5.2.5　核发流程

（1）申请材料完整性

主要审核排污单位申请材料完整性和规范性，包括以下七项内容：一是排污许可证申请表；二是由排污单位法定代表人或主要负责人签字或盖章的承诺书；

三是排污许可证申请前信息公开情况说明表（重点管理）；四是纳污范围、纳污排污单位名单、管网布置、最终排放去向等说明材料（城镇和工业污水集中处理设施）；五是重点污染物排放总量控制指标来源说明和区域削减措施落实情况的说明材料（若有）；六是建设项目变动情况分析、排放量计算过程及依据、污染防治设施达标情况分析、自行监测情况及台账记录等补充说明材料（若涉及）；七是法律法规规章规定的其他材料。

（2）审核工作规范性

主要审核核发流程、归档材料等是否满足《中华人民共和国行政许可法》《排污许可管理条例》《排污许可管理办法》等要求。其中，归档文件应包括：排污单位申请表、相关部门会审意见、签发材料、技术评估材料（若有）等。

5.3　排污许可现场检查表

现场检查工作可参考排污许可检查单及常见问题判定清单。

表 5.1　排污许可检查单

检查要点	检查内容	适用法条
1. 排污单位基本信息	1. 名称是否与营业执照一致？☐ 2. 统一社会信用代码是否与营业执照一致？☐ 3. 填报地址是否与项目建设地址一致？☐ 4. 法定代表人是否发生变更？☐ 5. 是否安排专人负责？☐ 6. 填报联系方式是否真实？☐ 7. 是否根据《2017 年国民经济行业分类注释》（按第 1 号修改单修订）或参考本排污单位建设项目环境影响报告书（表）等确定行业类别及代码？☐	法条： 《排污许可管理条例》第十四条第三款：排污单位变更名称、住所、法定代表人或者主要负责人的，应当自变更之日起 30 日内，向审批部门申请办理排污许可证变更手续。 解读： （1）确保企业在所有官方文件和记录中使用一致的名称，避免法律和行政上的混淆。 （2）核实企业标识的一致性，以确保企业法律身份的正确性和有效性。 （3）确认地址信息的准确性，以免因地址不符引发的项目审批或实施问题。 （4）及时更新企业法定代表人的变更信息，保持企业法律文档的当前性和准确性。 （5）指派负责人以提升工作的专业性和效率，确保责任分明和沟通顺畅。 （6）核实联系信息的真实性，确保紧急或必要情况下能够顺利联系到企业。 （7）依据国家标准或环评报告确立企业行业类别，保证行业分类的准确性和合法性。

检查要点	检查内容	适用法条
2. 排污许可管理类型	属于 重点管理□ 简化管理□ 登记管理□ 不需纳入排污许可管理□ 无证排污□	法条： 1.《中华人民共和国水污染防治法》第八十三条第一项：违反本法规定，未依法取得排污许可证排放水污染物的，由县级以上人民政府环境保护主管部门责令改正或者责令限制生产、停产整治，并处十万元以上一百万元以下的罚款；情节严重的，报经有批准权的人民政府批准，责令停业、关闭。 2.《中华人民共和国大气污染防治法》第九十九条第一项：违反本法规定，未依法取得排污许可证排放大气污染物的，由县级以上人民政府生态环境主管部门责令改正或者限制生产、停业整治，并处十万元以上一百万元以下的罚款；情节严重的，报经有批准权的人民政府批准，责令停业、关闭。 3.《中华人民共和国固体废物污染环境防治法》第一百零四条：违反本法规定，未依法取得排污许可证产生工业固体废物的，由生态环境主管部门责令改正或者限制生产、停产整治。处十万元以上一百万元以下的罚款；情节严重的，报经有批准权的人民政府批准，责令停业或者关闭。 解读： 根据相关文件，如果应领证的企业纳入登记管理，也属于无证排污。
3. 有效日期	是否在有限期内？□	《排污许可管理条例》第三十三条第二项：违反本条例规定，排污许可证有效期届满未申请延续或者延续申请未经批准排放污染物，由生态环境主管部门责令改正或者限制生产、停产整治，处 20 万元以上 100 万元以下的罚款；情节严重的，报经有批准权的人民政府批准，责令停业、关闭。
4. 排污许可管理等级	根据《固定污染源排污许可分类管理名录（2019 年版）》查看管理层级，是否降低管理等级？□	法条： 1.《中华人民共和国行政许可法》第七十九条：被许可人以欺骗、贿赂等不正当手段取得行政许可的，行政机关应当依法给予行政处罚；取得的行政许可属于直接关系公共安全、人身健康、生命财产安全事项的，申请人在三年内不得再次申请该行政许可；构成犯罪的，依法追究刑事责任。 2.《排污许可管理条例》第四十条：排污单位以欺骗、贿赂等不正当手段申请取得排污许可证的，由审批部门依法撤销其排污许可证，处 20 万元以上 50 万元以下的罚款，3 年内不得再次申请排污许可证。 解读： 常见的就是应该重点管理的企业，隐瞒情况按照简化管理来申请。

检查要点	检查内容	适用法条
5. 变更排污许可证	1. 是否存在污染物排放标准、重点污染物总量控制要求发生变化？ □ 2. 是否符合本行业排污许可证申请与核发技术规范发证要求？ □ 3. 登记管理的排污单位是否存在排污登记填报信息发生变化？ □	**法条:** 1.《排污许可管理条例》第十六条:排污单位适用的污染物排放标准、重点污染物总量控制要求发生变化,需要对排污许可证进行变更的,审批部门可以依法对排污许可证相应事项进行变更。 2.《排污许可管理条例》第二十四条第三款:需要填报排污登记表的企业事业单位和其他生产经营者,应当在全国排污许可证管理信息平台上填报基本信息、污染物排放去向、执行的污染物排放标准以及采取的污染防治措施等信息;填报的信息发生变动的,应当自发生变动之日起 20 日内进行变更填报。 **解读:** (1) 这一点强调审查污染物排放标准和重点污染物总量控制要求是否有更新或变化,确保企业的排放符合最新的环保法规和政策要求。 (2) 检查企业是否满足特定行业排污许可证的申请和发放技术规范,确保企业在环保管理和操作上达到法定标准和要求。 (3) 核查排污单位的登记信息是否有更新或变更,包括排放类型、量级等,以确保排污登记信息的准确性和时效性。
6. 重新申请排污许可证	1. 是否存在新建、改建、扩建排放污染物的项目？ □ 2. 是否存在生产经营场所、污染物排放口位置或者污染物排放方式、排放去向发生变化？ □ 3. 是否存在污染物排放口数量或者污染物排放种类、排放量、排放浓度增加？ □	**法条:** 《排污许可管理条例》第三十三条第四项:违反本条例规定,依法应当重新申请取得排污许可证,未重新申请取得排污许可证排放污染物,由生态环境主管部门责令改正或者限制生产、停产整治,处 20 万元以上 100 万元以下的罚款;情节严重的,报经有批准权的人民政府批准,责令停业、关闭。 **解读:** (1) 这项检查旨在识别是否有新建、改建或扩建的项目,这些项目可能会导致排放污染物的变化,需要相应的环保措施和排污许可的调整。 (2) 审查是否有生产经营场所、污染物排放口的位置或方式的变化,以及排放去向的变更,因为这些变化可能会影响环境影响评估和污染物的管理控制。 (3) 检查污染物排放口的数量、排放种类、排放量和浓度是否有所增加,增加可能会加剧对环境的影响,需要重新评估和制定更严格的排污控制措施。

检查要点	检查内容	适用法条
7. 排污许可证正副本、原件	1. 是否伪造、变造、转让排污许可证？ □ 2. 是否被依法撤销、注销、吊销排污许可证？ □ 3. 是否在生产经营场所内方便公众监督的位置悬挂？ □	法条： 1.《排污许可管理条例》第四十一条：违反本条例规定，伪造、变造、转让排污许可证的，由生态环境主管部门没收相关证件或者吊销排污许可证，处 10 万元以上 30 万元以下的罚款，3 年内不得再次申请排污许可证。 2.《排污许可管理条例》第三十三条第三项：违反本条例规定，被依法撤销、注销、吊销排污许可证后排放污染物，由生态环境主管部门责令改正或者限制生产、停产整治，处 20 万元以上 100 万元以下的罚款；情节严重的，报经有批准权的人民政府批准，责令停业、关闭。 解读： (1) 此项审查意在确认排污许可证是否经过不正当手段获取或修改，或是否存在未经授权的转让行为，这些都是违反环保法律法规的严重行为。 (2) 检查企业的排污许可证是否因违反相关环保法规而被官方机构撤销、注销或吊销，这反映了企业环保合规性的重大问题。 (3) 此项要求确保排污许可证在企业内部易于公众查看的位置展示，以增强透明度和公众参与监督的机会。
8. 环评材料	1. 环评审批(备案)材料是否齐全？ □ 2. 是否开展建设项目竣工环境保护验收？ □	法条： 1.《中华人民共和国环境影响评价法》第三十一条第一款、第二款、第三款：建设单位未依法报批建设项目环境影响报告书、报告表，或者未依照本法第二十四条的规定重新报批或者报请重新审核环境影响报告书、报告表，擅自开工建设的，由县级以上生态环境主管部门责令停止建设，根据违法情节和危害后果，处建设项目总投资额 1%以上 5%以下的罚款，并可以责令恢复原状；对建设单位直接负责的主管人员和其他直接责任人员，依法给予行政处分。 建设项目环境影响报告书、报告表未经批准或者未经原审批部门重新审核同意，建设单位擅自开工建设的，依照前款的规定处罚、处分。 建设单位未依法备案建设项目环境影响登记表的，由县级以上生态环境主管部门责令备案，处五万元以下的罚款。 2.《建设项目环境保护管理条例》第二十三条第一款：违反本条例规定，需要配套建设的环境保护设施未建成、未经验收或者验收不合格，建设项目即投入生产或者使用，或者在环境保护设施验收中弄虚作假的，由县级以上环境保护行政主管部门责令限期改正，处 20 万元以上 100 万元以下的罚款；逾期不改正的，处 100 万元以上 200 万元以下的罚款；对直接负责的主管人员和其他责任人员，处 5 万元以上 20 万元以下的罚款；造成重大环境污染或者生态破坏的，责令停止生产或者使用，或者报经有批准权的人民政府批准，责令关闭。 解读： (1) 检查环境影响评价(环评)的审批或备案过程中，所有必需的文件和资料完备，这是确保项目符合环境保护要求的前提。 (2) 审查在建设项目完成后，是否按照规定进行了环境保护验收，这一步骤是评估项目实施过程中环境保护措施执行情况的重要环节。

检查要点	检查内容	适用法条
9. 登记管理	是否在全国排污许可管理信息平台上填报基本信息、污染物排放去向、执行的污染物排放标准以及采取的污染防治措施等信息？□	法条： 《排污许可管理条例》第四十三条：需要填报排污登记表的企业事业单位和其他生产经营者，未依照本条例规定填报排污信息的，由生态环境主管部门责令改正，可以处 5 万元以下的罚款。 解读： 检验企业是否在规定的平台上完整填报了包括企业基础数据、污染物的排放目的、遵循的排放标准和实施的环境保护措施等关键信息。
10. 大气污染物排放口建设情况	1. 通过排气筒等方式排放至外环境的大气污染物，是否在排气筒或原烟气与净烟气混合后的混合烟道上设置大气污染物外排放口监测点位？□ 2. 通过净烟气烟道直接排放的大气污染物，是否在净烟气烟道上设置监测点位，在有旁路的烟道是否也设置监测点位？□ 3. 大气污染物监测平台、监测点位和监测孔的设置是否符合要求？□	法条： 《中华人民共和国大气污染防治法》第一百条第五项：违反本法规定，未按照规定设置大气污染物排放口的，由县级以上人民政府环境保护主管部门责令改正，处二万元以上二十万元以下的罚款；拒不改正的，责令停产整治。 解读： (1) 检查是否在所有排放大气污染物的排气筒或混合烟道上安装了监测点位，以确保能够准确监测到所有向外环境排放的大气污染物。 (2) 验证净烟气直接排放路径上以及存在旁路烟道的情况下，是否均设置了监测点位，保障所有可能的排放途径都能被有效监控。 (3) 审查大气污染物监测平台及其监测点位和孔的布置是否满足规定要求，确保监测数据的准确性和可靠性，以便进行有效的环境管理和控制。
11. 水污染物排放口建设情况	1. 是否按照排放标准规定的监控位置设置水污染物外排放口监测点位？□ 2. 水污染物排放口是否符合《排污口规范化整治技术要求（试行）》（环监〔1996〕470 号）要求？□ 3. 排放口标志是否符合《环境保护图形标志——排放口（源）》（GB 15562.1—1995)要求？□	法条： 《排污许可管理条例》第十八条第一款：排污单位应当按照生态环境主管部门的规定建设规范化污染物排放口，并设置标志牌。 解读： (1) 核实水污染物排放口的监测点位是否根据排放标准在规定的监控位置进行设置，以确保监测结果能准确反映排放水质，符合环保监管要求。 (2) 检查水污染物排放口是否达到《排污口规范化整治技术要求（试行）》的标准，确保排放口的设置和管理达到环保要求，减少水体污染。 (3) 审查排放口标志是否遵循《环境保护图形标志——排放口（源）》（GB 15562.1—1995)标准，确保排放源的标识清晰、规范，便于识别和监管。

检查要点	检查内容	适用法条
12. 污染物排放口位置和数量	1. 污染物排放口位置和数量是否符合排污许可证规定？□ 2. 是否按要求将所有水污染物和大气污染物排放口纳入排污许可管理？□	法条： 《排污许可管理条例》第三十六条第一项：违反本条例规定，污染物排放口位置或者数量不符合排污许可证规定，由生态环境主管部门责令改正，处 2 万元以上 20 万元以下的罚款；拒不改正的，责令停产整治。 解读： （1）核实排放口的具体位置和数量是否与企业所持有的排污许可证中的规定一致，确保企业的实际排放行为遵守了许可证的要求，从而减少对环境的潜在影响。 （2）检查企业是否已将所有涉及水和大气污染物的排放口正式登记在排污许可管理体系内，这一步骤是确保企业对所有污染源负责并接受监管的基础，有助于提高排污管理的透明度和效率。
13. 污染物排放方式和排放去向	1. 水污染物排放方式（直接排放或间接排放）、排放去向是否与排污许可证要求一致？□ 2. 大气污染物排放方式（有组织、无组织）是否与排污许可证要求一致？□ 3. 是否非法设置暗管、渗井、渗坑等？□	法条： 1.《中华人民共和国大气污染防治法》第九十九条第三项：违反本法规定，通过逃避监管的方式排放大气污染物的，由县级以上人民政府环境保护主管部门责令改正或者限制生产、停产整治，并处十万元以上一百万元以下的罚款；情节严重的，报经有批准权的人民政府批准，责令停业、关闭。 2.《中华人民共和国水污染防治法》第八十三条第三项、第四项：违反本法规定，利用渗井、渗坑、裂隙、溶洞，私设暗管，篡改、伪造监测数据，或者不正常运行水污染防治设施等逃避监管的方式排放水污染物的，或者未按照规定进行预处理，向污水集中处理设施排放不符合处理要求的工业废水的，由县级以上人民政府环境保护主管部门责令改正或者责令限制生产、停产整治，并处十万元以上一百万元以下的罚款；情节严重的，报经有批准权的人民政府批准，责令停业、关闭。 3.《排污许可管理条例》第三十六条第二项：违反本条例规定，污染物排放方式或者排放去向不符合排污许可证规定，由生态环境主管部门责令改正，处 2 万元以上 20 万元以下的罚款；拒不改正的，责令停产整治。 解读： （1）确认水污染物的排放方式和去向是否完全遵循排污许可证的规定，这关键在于保证排放活动不超出环保法规和标准的限制，确保环境受到的影响最小化。 （2）核查无论是有组织还是无组织的大气污染物排放方式是否符合排污许可证的具体要求，以此来控制大气污染并促进空气质量的改善。 （3）检验企业内是否存在非法的暗管、渗井或渗坑等排放设施，这些非法设施可能会导致环境污染问题严重且隐蔽，对环境和公众健康构成威胁。

检查要点	检查内容	适用法条
14. 水污染物排放控制情况	1. 是否根据产排污环节合理确定水污染物处理工艺及设施参数,是否符合工业水污染物治理工程技术规范相关要求? □ 2. 是否对水污染物处理中产生的栅渣、污泥等做好收集处理处置,防止二次污染? □ 3. 是否根据工艺要求。定期对构筑物、设备、电气及自控仪表进行检查维护,确保处理设施稳定运行? □ 4. 是否进行雨污分流,重视生产节水管理,加强各类废水的处理与回用,实施低排水工艺改造? □ 5. 是否根据水质要求实现废水梯级利用,尽量减少废水排放量? □ 6. 厂内废水管线和处理设施是否做好防渗,防止有毒有害污染物渗入地下土壤和水体? □ 7. 是否根据水污染物处理设施生产及周围环境实际情况,考虑可能发生的突发性事故,制定应急预案并按要求备案、演练? □	1.《中华人民共和国环境保护法》第六十条:企业事业单位和其他生产经营者超过污染物排放标准或者超过重点污染物排放总量控制指标排放污染物的,县级以上人民政府环境保护主管部门可以责令其采取限制生产、停产整治等措施;情节严重的,报经有批准权的人民政府批准,责令停业、关闭。 2.《中华人民共和国水污染防治法》第八十三条第二项、第三项、第四项:违反本法规定,有下列行为之一的,由县级以上人民政府环境保护主管部门责令改正或者责令限制生产、停产整治,并处十万元以上一百万元以下的罚款;情节严重的,报经有批准权的人民政府批准,责令停业、关闭; 超过水污染物排放标准或者超过重点水污染物排放总量控制指标排放水污染物的; 利用渗井、渗坑、裂隙、溶洞、私设暗管、篡改、伪造监测数据,或者不正常运行水污染防治设施等逃避监管的方式排放水污染物的; 未按照规定进行预处理,向污水集中处理设施排放不符合处理工艺要求的工业废水的。 3.《排污许可管理条例》第三十四条:违反本条例规定,排污单位有下列行为之一的,由生态环境主管部门责令改正或者限制生产、停产整治,处20万元以上100万元以下的罚款;情节严重的,吊销排污许可证,报经有批准权的人民政府批准,责令停业、关闭: 超过许可排放浓度、许可排放量排放污染物; 通过暗管、渗井、渗坑、灌注或者篡改、伪造监测数据,或者不正常运行污染防治设施等逃避监管的方式违法排放污染物。
15. 有组织大气污染物排放控制情况	1. 产生大气污染物的生产工艺和装置是否按要求设立局部或整体气体收集系统和净化处理装置? □ 2. 是否对布袋除尘器定期更换滤袋,确保完整无破损? □ 3. 是否对静电除尘器定期检修维护极板、极丝、振打清灰装置? □ 4. 是否对喷淋吸收装置定期排放、更换吸收液,确保吸收效果? □ 5. 是否对吸附装置定期更换吸附材料,确保吸附材料的吸附效能,如脱附后采用催化燃烧装置,则应定期更换催化剂? □	1.《中华人民共和国环境保护法》第六十条:企业事业单位和其他生产经营者超过污染物排放标准或者超过重点污染物排放总量控制指标排放污染物的,县级以上人民政府环境保护主管部门可以责令其采取限制生产、停产整治等措施;情节严重的,报经有批准权的人民政府批准,责令停业、关闭。 2.《中华人民共和国大气污染防治法》第九十九条第二项、第三项:违反本法规定,有下列行为之一的,由县级以上人民政府环境保护主管部门责令改正或者限制生产、停产整治,并处十万元以上一百万元以下的罚款;情节严重的,报经有批准权的人民政府批准,责令停业、关闭: 超过大气污染物排放标准或者超过重点大气污染物排放总量控制指标排放大气污染物的; 通过逃避监管的方式排放大气污染物的。 3.《排污许可管理条例》第三十四条:违反本条例规定,排污单位有下列行为之一的,由生态环境主管部门责令改正或者限制生产、停产整治,处20万元以上100万元以下的罚款;情节严重的,吊销排污许可证,报经有批准权的人民政府批准,责令停业、关闭:

检查要点	检查内容	适用法条
15. 有组织大气污染物排放控制情况	6. 是否对 RTO 装置定期检查燃烧器、蓄热体、切换阀等组件，确保系统安全、稳定运行？□ 7. 是否对蓄热式催化氧化（RCO）装置定期检查燃烧器、蓄热体、切换阀等组件,定期更换催化剂,确保系统安全、稳定运行？□ 8. 特殊时段是否按照排污许可证规定停止或者限制排放污染物？□	超过许可排放浓度、许可排放量排放污染物； 通过暗管、渗井、渗坑、灌注或者篡改、伪造监测数据，或者不正常运行污染防治设施等逃避监管的方式违法排放污染物。 4.《排污许可管理条例》第三十五条第二项：违反本条例规定,排污单位有下列行为的,由生态环境部门责令改正,处 5 万元以上 20 万元以下的罚款;情节严重的,处 20 万元以上 100 万元以下的罚款,责令限制生产、停产整治： 特殊时段未按照排污许可证规定停止或者限制排放污染物。
16. 无组织大气污染物排放控制情况	1. 对于颗粒物等无组织大气污染物产生点,排污单位是否配备有效的大气污染物捕集装置,如局部密闭罩、整体密闭罩、大容积密闭罩、车间密闭等,并配备滤尘设施？□ 2. 对于挥发性有机溶剂、恶臭等无组织大气污染物产生点,如硫化、酸洗等设施,排污单位是否采取密闭措施以减少大气污染物散发？□ 3. 有机溶剂储存和装卸单元是否配置气相平衡管或将产生的大气污染物接入大气污染物处理设施？□ 4. 异味明显的水污染物处理单元,是否加盖密闭,并配备大气污染物收集处理设施？□ 5. 对于露天储煤场、粉状物料储运系统,排污单位是否配备防风抑尘网、喷淋、洒水、苫盖等抑尘措施,且防风抑尘网不得有明显破损。煤粉、石灰石粉等粉状物料是否采用简仓等封闭式料库存储。其他易起尘物料是否苫盖？□ 6. 环境影响评价文件或地方相关规定中有针对原辅料、生产过程、燃料等其他污染防治强制要求的,是否根据环境影响评价文件或地方相关规定,明确其他需要落实的污染防治要求？□	1.《中华人民共和国大气污染防治法》第一百零八条:违反本法规定,有下列行为之一的,由县级以上人民政府环境保护主管部门责令改正,处二万元以上二十万元以下的罚款;拒不改正的,责令停产整治： 产生含挥发性有机物废气的生产和服务活动,未在密闭空间或者设备中进行,未按照规定安装、使用污染防治设施,或者未采取减少废气排放措施的； 工业涂装企业未使用低挥发性有机物含量涂料或者未建立、保存台账的； 石油、化工以及其他生产和使用有机溶剂的企业,未采取措施对管道、设备进行日常维护、维修,减少物料泄漏或者对泄漏的物料未及时收集处理的； 储油储气库、加油加气站和油罐车、气罐车等,未按照国家有关规定安装并正常使用油气回收装置的； 钢铁、建材、有色金属、石油、化工、制药、矿产开采等企业,未采取集中收集处理、密闭、围挡、遮盖、清扫、洒水等措施,控制、减少粉尘和气态污染物排放的； 工业生产、垃圾填埋或者其他活动中产生的可燃性气体未回收利用,不具备回收利用条件未进行防治污染处理,或者可燃性气体回收利用装置不能正常作业,未及时修复或者更新的。 2.《中华人民共和国大气污染防治法》第一百一十七条第一项、第二项、第三项、第五项、第七项、第八项:违反本法规定,有下列行为之一的,由县级以上人民政府环境保护等主管部门按照职责责令改正,处一万元以上十万元以下的罚款;拒不改正的,责令停工整治或者停业整治： 未密闭煤炭、煤矸石、煤渣、煤灰、水泥、石灰、砂土等易产生扬尘的物料的； 对不能密闭的易产生扬尘的物料,未设置不低于堆放物高度的严密围挡,或者未采取有效覆盖措施防治扬尘污染的； 装卸物料未采取密闭或者喷淋等方式控制扬尘排放的； 码头、矿山、填埋场和消纳场未采取有效措施防治扬尘污染的； 向大气排放持久性有机污染物的企业事业单位和其他生产经营者以及废弃物焚烧设施的运营单位,未按照国家有关规定采取有利于减少持久性有机污染物排放的技术方法和工艺,配备净化装置的； 未采取措施防止排放恶臭气体的。 3.《排污许可管理条例》第三十五条第一项:违反本条例规定,排污单位有下列行为的,由生态环境主管部门责令改正,处 5 万元以上 20 万元以下的罚款;情节严重的,处 20 万元以上 100 万元以下的罚款,责令限制生产、停产整治： 未按照排污许可证规定控制大气污染物无组织排放。

检查要点	检查内容	适用法条
17.一般工业固体废物管理情况	1. 一般工业固体废物的名称、代码、类别、物理性状、产生环节、去向等信息是否与排污许可证载明一致? □ 2. 排污许可载明一般工业固体废物自行贮存设施的,自行贮存设施是否符合 GB 15562.2—1995、GB 18599—2020 等相关标准中生产运营期间的环境管理和相关设施运行维护要求? □ 3. 贮存一般工业固体废物能力和面积是否与贮存设施实际情况相符? □ 4. 排污单位委托他人运输、利用、处置一般工业固体废物的,是否落实《中华人民共和国固体废物污染环境防治法》等法律法规要求,对受托方的主体资格和技术能力进行核实,依法签订书面合同,在合同约定污染防治要求等? □ 5. 采用库房、包装工具(罐、桶、包装袋等)贮存一般工业固体废物的,贮存过程是否满足相应防渗漏、防雨淋、防扬尘等环境保护要求? □ 6. 是否存在危险废物和生活垃圾进入一般工业固体废物贮存场及填埋场等环境违法行为? □ 7. 不相容的一般工业固体废物是否设置不同的分区进行贮存和填埋作业? □ 8. 焚烧处置设施的炉渣与飞灰是否分别收集、贮存和运输? □ 9. 贮存场、填埋场是否设置清晰、完整的一般工业固体废物标志牌等? □	1.《中华人民共和国固体废物污染环境防治法》第一百零二条第四项、第五项、第六项、第七项、第八项、第九项、第十项、第十一项:违反本法规定,有下列行为之一,由生态环境主管部门责令改正,处以罚款,没收违法所得;情节严重的,报经有批准权的人民政府批准,可以责令停业或者关闭: 在生态保护红线区域、永久基本农田集中区域和其他需要特别保护的区域内,建设工业固体废物、危险废物集中贮存、利用、处置的设施、场所和生活垃圾填埋场的; 转移固体废物出省、自治区、直辖市行政区域贮存、处置未经批准的; 转移固体废物出省、自治区、直辖市行政区域利用未报备案的; 擅自倾倒、堆放、丢弃、遗撒工业固体废物,或者未采取相应防范措施,造成工业固体废物扬散、流失、渗漏或者其他环境污染的; 产生工业固体废物的单位未建立固体废物管理台账并如实记录的; 产生工业固体废物的单位违反本法规定委托他人运输、利用、处置工业固体废物的; 贮存工业固体废物未采取符合国家环境保护标准的防护措施的; 单位和其他生产经营者违反固体废物管理其他要求,污染环境、破坏生态的。

续表

检查要点	检查内容	适用法条
17. 一般工业固体废物管理情况	10. 排污单位生产运营期间一般工业固体废物自行贮存、利用、处置设施的环境管理和相关设施运行维护要求是否符合 GB 15562.2—1995、GB 18599—2020、GB 30485—2013 和 HJ 2035—2013 等相关标准规范要求？□ 11. 一般工业固体废物环境管理台账记录是否符合生态环境部规定的一般工业固体废物环境管理台账相关标准及管理文件要求？□	2.《中华人民共和国固体废物污染环境防治法》第一百零二条第二款：有前款第一项、第八项行为之一，处五万元以上二十万元以下的罚款；有前款第二项、第三项、第四项、第五项、第六项、第九项、第十项、第十一项行为之一，处十万元以上一百万元以下的罚款；有前款第七项行为，处所需处置费用一倍以上三倍以下的罚款，所需处置费用不足十万元的，按十万元计算。对前款第十一项行为的处罚，有关法律、行政法规另有规定的，适用其规定。
18. 危险废物管理情况	1. 排污许可证中载明的危险废物种类是否按要求在危险废物管理平台进行申报登记？□ 2. 污水处理站污泥是否按 GB 5085.7—2019 和 HJ 298—2019 进行危险废物鉴别？□ 3. 排污单位委托他人运输、利用、处置危险废物的，是否落实《中华人民共和国固体废物污染环境防治法》等法律法规要求，对受托方的主体资格和技术能力进行核实，依法签订书面合同，在合同中约定污染防治要求？□ 4. 转移危险废物的，是否按照国家有关规定填写、运行危险废物转移联单等？□ 5. 包装容器是否达到相应的强度要求并完好无损？□ 6. 是否存在混合贮存性质不相容而未经安全性处置的危险废物等环境违法行为？□ 7. 危险废物容器和包装物以及危险废物贮存设施、场所是否按规定设置危险废物识别标志？□	1.《中华人民共和国固体废物污染环境防治法》第一百一十二条：违反本法规定，有下列行为之一，由生态环境主管部门责令改正，处以罚款，没收违法所得；情节严重的，报经有批准权的人民政府批准，可以责令停业或者关闭： 未按照规定设置危险废物识别标志的； 未按照国家有关规定制定危险废物管理计划或者申报危险废物有关资料的； 擅自倾倒、堆放危险废物的； 将危险废物提供或者委托给无许可证的单位或者其他生产经营者从事经营活动的； 未按照国家有关规定填写、运行危险废物转移联单或者未经批准擅自转移危险废物的； 未按照国家环境保护标准贮存、利用、处置危险废物或者将危险废物混入非危险废物中贮存的； 未经安全性处置，混合收集、贮存、运输、处置具有不相容性质的危险废物的； 将危险废物与旅客在同一运输工具上载运的； 未经消除污染处理，将收集、贮存、运输、处置危险废物的场所、设施、设备和容器、包装物及其他物品转作他用的； 未采取相应防范措施，造成危险废物扬散、流失、渗漏或者其他环境污染的； 在运输过程中沿途丢弃、遗撒危险废物的； 未制定危险废物意外事故防范措施和应急预案的； 未按照国家有关规定建立危险废物管理台账并如实记录的。 有前款第一项、第二项、第五项、第六项、第七项、第八项、第九项、第十二项、第十三项行为之一，处十万元以上一百万元以下的罚款；有前款第三项、第四项、第十项、第十一项行为之一，处所需处置费用三倍以上五倍以下的罚款，所需处置费用不足二十万元的，按二十万元计算。

检查要点	检查内容	适用法条
18. 危险废物管理情况	8. 仓库式贮存设施是否分开存放不相容危险废物,按危险废物的种类和特性进行分区贮存,采用防腐、防渗地面和围堰,设置防止泄漏物质扩散至外环境的拦截、导流、收集设施? □ 9. 贮存堆场是否防风、防雨、防晒? □ 10. 排污单位生产运营期间危险废物自行贮存设施的环境管理和相关设施运行维护是否符合 GB 15562.2—1995、GB 18484—2020、GB 18597—2023、GB 30485—2013、HJ 2025—2012 和 HJ 2042—2014 等相关标准规范要求? □ 11. 排污单位是否按要求建立危险废物环境管理台账? □ 12. 危险废物环境管理台账记录是否符合《危险废物产生单位管理计划制定指南》(生态环境部公告 2016 年第 7 号)等标准及管理文件的相关要求? □	2.《中华人民共和国固体废物污染环境防治法》第一百一十四条:无许可证从事收集、贮存、利用、处置危险废物经营活动的,由生态环境主管部门责令改正,处一百万元以上五百万元以下的罚款。并报经有批准权的人民政府批准,责令停业或者关闭;对法定代表人、主要负责人、直接负责的主管人员和其他责任人员,处十万元以上一百万元以下的罚款。 未按照许可证规定从事收集、贮存、利用、处置危险废物经营活动的,由生态环境主管部门责令改正,限制生产、停产整治,处五十万元以上二百万元以下的罚款;对法定代表人、主要负责人、直接负责的主管人员和其他责任人员,处五万元以上五十万元以下的罚款;情节严重的,报经有批准权的人民政府批准,责令停业或者关闭,还可以由发证机关吊销许可证。
19. 自行监测情况	1. 排污许可证中自行监测内容是否符合本行业排污许可证申请与核发技术规范和排污单位自行监测技术指南等相关要求? □ 2. 是否按要求制定自行监测方案? □ 3. 自行监测方案中是否明确排污单位的基本情况、监测点位及示意图、监测指标、监测频次、监测仪器及分析设备、执行排放标准及其限值、采样和样品保存方法样品分析方法、质量保证与质量控制措施、监测结果公开时限等? □ 4. 自行监测方案中各项污染物监测指标是否与排污许可证中监测指标一致? □	1.《中华人民共和国水污染防治法》第八十二条第一项:未按照规定对所排放的水污染物自行监测,或者未保存原始监测记录的,由县级以上人民政府环境保护主管部门责令限期改正,处二万元以上二十万元以下的罚款;逾期不改正的,责令停产整治。 2.《中华人民共和国大气污染防治法》第一百条第二项:未按照规定对所排放的工业废气和有毒有害大气污染物进行监测并保存原始监测记录的,由县级以上人民政府生态环境主管部门责令改正,处二万元以上二十万元以下的罚款;拒不改正的,责令停产整治。 3.《排污许可管理条例》第三十六条第五项、第六项:违反本条例规定,排污单位有下列行为之一的,由生态环境主管部门责令改正,处 2 万元以上 20 万元以下的罚款;拒不改正的,责令停产整治: 未按照排污许可证规定制定自行监测方案并开展自行监测; 未按照排污许可证规定保存原始监测记录。

检查要点	检查内容	适用法条
19. 自行监测情况	5. 监测频次是否符合排污许可证要求？□ 6. 手工采样方式和监测方法是否符合排污许可证要求？□ 7. 是否按要求保存原始监测记录，原始监测记录是否按要求保存不少于 5 年？□ 8. 自行监测数据是否真实、准确，是否超过污染物排放标准，排污单位发现异常情况后是否及时报告生态环境主管部门？□ 9. 是否按要求定期公开自行监测数据？□	4.《排污许可管理条例》第三十六条第八项：违反本条例规定，排污单位有下列行为的，由生态环境主管部门责令改正，处 2 万元以上 20 万元以下的罚款；拒不改正的，责令停产整治： 发现污染物排放自动监测设备传输数据异常或者污染物排放超过污染物排放标准等异常情况不报告。
20. 在线监测情况	1. 是否依法安装、使用、维护污染物排放自动监测设备？□ 2. 自动监测设备是否按要求联网。发证排污单位取得排污许可证 3 个月内，是否按要求完成自动监测设备调试和联网？□ 3. 排污单位发现污染物排放自动监测设备传输数据异常，是否及时报告生态环境主管部门，并进行检查、修复？□ 4. 自动监测设备运行管理是否规范？□ 5. 中控自动设备或自动监控设施出现故障期间，是否按照《污染源自动监控设施运行管理办法》（环发〔2008〕6号）的要求开展手工监测？□ 6. 自动监测平台相关标准是否与排污许可证中载明标准一致？□	1.《中华人民共和国水污染防治法》第八十二条第二项：违反本法规定，有下列行为的，由县级以上人民政府环境保护主管部门责令限期改正，处二万元以上二十万元以下的罚款；逾期不改正的，责令停产整治： 未按照规定安装水污染物排放自动监测设备，未按照规定与环境保护主管部门的监控设备联网，或者未保证监测设备正常运行的。 2.《中华人民共和国大气污染防治法》第一百条第一项、第三项：违反本法规定，有下列行为之一的，由县级以上人民政府环境保护主管部门责令改正，处二万元以上二十万元以下的罚款；拒不改正的，责令停产整治： 侵占、损毁或者擅自移动、改变大气环境质量监测设施或者大气污染物排放自动监测设备的； 未按照规定安装、使用大气污染物排放自动监测设备或者未按照规定与环境保护主管部门的监控设备联网，并保证监测设备正常运行的。 3.《排污许可管理条例》第三十六条第三项、第四项、第八项：违反本条例规定，排污单位有下列行为之一的，由生态环境主管部门责令改正，处 2 万元以上 20 万元以下的罚款；拒不改正的，责令停产整治： 损毁或者擅自移动、改变污染物排放自动监测设备； 未按照排污许可证规定安装、使用污染物排放自动监测设备并与生态环境主管部门的监控设备联网，或者未保证污染物排放自动监测设备正常运行的； 发现污染物排放自动监测设备传输数据异常或者污染物排放超过污染物排放标准等异常情况不报告。

检查要点	检查内容	适用法条
21. 建立台账记录制度	是否按要求建立环境管理台账记录制度? 环境管理台账记录制度是否落实环境管理台账记录的责任单位和责任人,明确工作职责,并对环境管理台账的真实性、完整性和规范性负责? □	4.《排污许可管理条例》第三十七条第一项:违反本条例规定,排污单位有下列行为的,由生态环境主管部门责令改正,处每次 5 千元以上 2 万元以下的罚款;法律另有规定的,从其规定: 未建立环境管理台账记录制度,或者未按照排污许可证规定记录。
22. 台账记录和管理情况	1. 环境管理台账是否按照排污许可证规定的格式、内容和频次,如实记录主要生产设施、污染防治设施运行情况以及污染物排放浓度、排放量? □ 2. 发现污染物排放超过污染物排放标准等异常情况时,是否及时采取措施消除、减轻危害后果,如实记录环境管理台账记录。是否按要求报告生态环境主管部门,说明原因? □ 3. 是否按要求将超标污染物排放标准等异常情况下的污染物排放计入排污单位的污染物排放量? □ 4. 是否按要求建立纸质和电子台账? □ 5. 纸质台账是否存放于保护袋、卷夹或保护盒中,专人保存于专门的档案保存地点,并由相关人员签字,档案保存是否采取防光、防热、防潮、防细菌及防污染等措施? □ 6. 电子台账是否保存于专门存储设备中,并保留备份数据。存储设备是否由专人负责管理,定期进行维护? □	《排污许可管理条例》第三十七条第一项、第二项:违反本条例规定,排污单位有下列行为之一的,由生态环境主管部门责令改正,处每次 5 千元以上 2 万元以下的罚款;法律另有规定的,从其规定: 未建立环境管理台账记录制度,或者未按照排污许可证规定记录; 未如实记录主要生产设施及污染防治设施运行情况或者污染物排放浓度、排放量。
23. 年度执行报告情况	1. 是否按照排污许可证规定的时间要求提交执行报告? □ 2. 是否按要求填报排污单位基本情况、污染治理设施运行情况、自行监测执行情况、环境管理台账执行情况、实际排放情况及合规判定分析、信息公开情况等? □	《排污许可管理条例》第三十七条第三项、第四项:违反本条例规定,排污单位有下列行为之一的,由生态环境主管部门责令改正,处每次 5 千元以上 2 万元以下的罚款;法律另有规定的,从其规定: 未按照排污许可证规定提交排污许可证执行报告; 未如实报告污染物排放行为或者污染物排放浓度、排放量。

检查要点	检查内容	适用法条
23. 年度执行报告情况	3. 是否如实报告周期内排污单位基本信息变化情况？□ 4. 是否如实报告产品产量、原辅材料、能源消耗、生产运行情况等排污单位基本信息？□ 5. 是否如实报告污染治理设施正常运转、异常运转情况，自行储存、利用、处置设施合规情况？□ 6. 是否如实填报自行监测情况？□ 7. 正常排放时段是否按要求填报有组织大气污染物排放浓度监测数据，有效监测数据（小时值）数量是否与排污许可证要求一致，与排污许可证不一致的是否如实备注原因。浓度监测结果是否如实填报监测最小值及最大值？□ 8. 污染物超标的是否如实备注超标原因？□ 9. 对于排污许可证许可排放速率的有组织大气污染物是否如实填报排放速率有效监测数据数量、实际排放速率等信息？□ 10. 水污染物排放浓度监测数据是否如实填报有效监测数据（日均值）数量及浓度监测结果（含最小值及最大值）等？□ 11. 是否如实填报非正常时段排放信息？□ 12. 是否如实报告台账管理信息，台账管理记录内容是否与排污许可证要求一致，是否完整？□ 13. 是否如实报告实际排放量信息；对于排污许可证中许可年排放量的污染物是否如实报告实际排放量，年实际排放量是否超过年许可排放量？□	

检查要点	检查内容	适用法条
23. 年度执行报告情况	14. 是否如实报告超标排放量信息:是否如实报告有组织大气污染物超标时段小时均值超标情况,超标时段、生产设施编号、排放口编号、超标污染物种类是否与自动在线监测平台一致,是否填报实际排放浓度及说明超标原因;是否如实报告水污染物超标时段日均值超标情况? 超标时段、生产设施编号、排放口编号、超标污染物种类是否与自动在线监测平台一致,是否填报实际排放浓度及说明超标原因? □ 15. 排污许可证中许可重污染天气应急预警期间等特殊时段排放量的,是否按要求填报特殊时段大气污染物实际排放量? □	
24. 季度执行报告情况	1. 是否按照排污许可证规定的时间要求提交执行报告? □ 2. 是否如实报告基本生产信息、燃料分析等排污单位基本信息? □ 3. 是否如实报告排污许可证许可排放量的污染物实际排放量? □ 4. 是否按要求报告有组织大气污染物小时均值超标情况,超标时段、生产设施编号、排放口编号、超标污染物种类、实际排放浓度是否与自动在线监测平台数据一致,是否说明超标原因? □ 5. 是否如实报告污染治理设施异常情况? □ 6. 是否如实填报自行贮存、利用、处置设施合规情况,是否如实填报减少工业固体废物产生、促进综合利用的具体措施,是否超能力、超种类贮存等,是否存在不符合排污许可证规定污染防控技术要求的情况等? □	《排污许可管理条例》第三十七条第三项、第四项:违反本条例规定,排污单位有下列行为之一的,由生态环境主管部门责令改正,处每次 5 千元以上 2 万元以下的罚款;法律另有规定的,从其规定: 未按照排污许可证规定提交排污许可证执行报告; 未如实报告污染物排放行为或者污染物排放浓度、排放量。

检查要点	检查内容	适用法条
24. 季度执行报告情况	7. 有效期内发生停产的是否在执行报告中如实报告污染物排放变化情况并说明原因？□	
25. 信息公开情况	1. 是否如实在全国排污许可证管理信息平台上公开污染物排放信息？□ 2. 排污单位是否在平台上公开其自行监测数据？□ 3. 信息公开的方式、内容、频率及时间节点等是否全面、及时，并便于公众知晓？□	1.《中华人民共和国环境保护法》第六十二条：违反本法规定，重点排污单位不公开或者不如实公开环境信息的，由县级以上地方人民政府环境保护主管部门责令公开，处以罚款，并予以公告。 2.《中华人民共和国水污染防治法》第八十二条第三项：违反本法规定，有下列行为的，由县级以上人民政府环境保护主管部门责令限期改正，处二万元以上二十万元以下的罚款；逾期不改正的，责令停产整治： 未按照规定对有毒有害水污染物的排污口和周边环境进行监测，或者未公开有毒有害水污染物信息的。 3.《中华人民共和国大气污染防治法》第一百条第四项：违反本法规定，有下列行为的，由县级以上人民政府环境保护主管部门责令改正，处二万元以上二十万元以下的罚款；拒不改正的，责令停产整治： 重点排污单位不公开或者不如实公开自动监测数据的。 4.《中华人民共和国固体废物污染环境防治法》第一百零二条第一项：违反本法规定，有下列行为，由生态环境主管部门责令改正，处以罚款，没收违法所得；情节严重的，报经有批准权的人民政府批准，可以责令停业或者关闭： 产生、收集、贮存、运输、利用、处置固体废物的单位未依法及时公开固体废物污染环境防治信息的。 5.《建设项目环境保护管理条例》第二十三条第二款：违反本条例规定，建设单位未依法向社会公开环境保护设施验收报告的，由县级以上环境保护行政主管部门责令公开，处5万元以上20万元以下的罚款，并予以公告。 6.《排污许可管理条例》第三十六条第七项：违反本条例规定，排污单位有下列行为的，由生态环境主管部门责令改正，处2万元以上20万元以下的罚款；拒不改正的，责令停产整治： 未按照排污许可证规定公开或者不如实公开污染物排放信息。
26. 建立环境保护责任制度	1. 是否按照安全生产管理要求运行和维护污染防治设施，建立安全生产管理制度？□ 2. 是否依法依规对环保设施和项目组织开展安全风险评估和隐患排查，对发现的安全风险隐患建立台账并整改到位？□	《中华人民共和国环境保护法》第四十二条第二款：排放污染物的企业事业单位，应当建立环境保护责任制度，明确单位负责人和相关人员的责任。

检查要点	检查内容	适用法条
27. 土壤污染重点监管单位	1. 排污许可证中是否载明土壤污染重点监管单位相关法律义务? □ 2. 是否严格控制有毒有害物质排放,并按年度向生态环境主管部门报告排放情况? □ 3. 是否建立土壤污染隐患排查制度,保证持续有效地防止有毒有害物质渗漏、流失、扬散? □ 4. 是否按要求制定、实施自行监测方案,并将监测数据报生态环境主管部门? □ 5. 是否存在篡改、伪造监测数据等环境违法行为? □ 6. 拆除设施、设备或者建筑物、构筑物的,应当制定包括应急措施在内的土壤污染防治工作方案,报地方人民政府生态环境、工业和信息化主管部门备案并实施? □	《中华人民共和国土壤污染防治法》第八十六条:违反本法规定,有下列行为之一的,由地方人民政府生态环境主管部门或者其他负有土壤污染防治监督管理职责的部门责令改正,处以罚款;拒不改正的,责令停产整治: 土壤污染重点监管单位未制定、实施自行监测方案,或者未将监测数据报生态环境主管部门的; 土壤污染重点监管单位篡改、伪造监测数据的; 土壤污染重点监管单位未按年度报告有毒有害物质排放情况,或者未建立土壤污染隐患排查制度的; 拆除设施、设备或者建筑物、构筑物,企业事业单位未采取相应的土壤污染防治措施或者土壤污染重点监管单位未制定、实施土壤污染防治工作方案的; 尾矿库运营、管理单位未按照规定采取措施防止土壤污染的; 尾矿库运营、管理单位未进行土壤污染状况监测的; 建设和运行污水集中处理设施、固体废物处置设施,未依照法律法规和相关标准的要求采取措施防止土壤污染的。 有前款规定行为之一的,处二万元以上二十万元以下的罚款;有前款第二项、第四项、第五项、第七项规定行为之一,造成严重后果的,处二十万元以上二百万元以下的罚款。
28. 环境风险防控情况	1. 是否按要求制定突发环境事件应急预案并备案? □ 2. 是否按规定开展突发环境事件风险评估工作,确定风险等级? □ 3. 是否按规定开展环境安全隐患排查治理工作,建立隐患排查治理档案? □ 4. 是否按规定开展突发环境事件应急培训,如实记录培训情况? □ 5. 是否按规定储备必要的环境应急装备和物资? □ 6. 是否按规定公开突发环境事件相关信息? □	《突发环境事件应急管理办法》第三十八条:企业事业单位有下列情形之一的,由县级以上环境保护主管部门责令改正,可以处一万元以上三万元以下罚款: 未按规定开展突发环境事件风险评估工作,确定风险等级的; 未按规定开展环境安全隐患排查治理工作,建立隐患排查治理档案的; 未按规定将突发环境事件应急预案备案的; 未按规定开展突发环境事件应急培训,如实记录培训情况的; 未按规定储备必要的环境应急装备和物资的; 未按规定公开突发环境事件相关信息的。

表5.2　常见问题判定清单

问题类别	具体问题描述	判定参考
排污许可类	无证排污或降级管理□	属于重点管理或简化管理而实际未领证或仅做了排污登记,属于重点管理但违规降为简化管理。
	证照失效□	许可证超出有效期、限期整改通知书超出整改期。
	申报不全□	实际存在多期项目、多条生产线,或涉及多个行业,但只申报了部分项目、生产线或行业;实际建成产能远大于许可证填报产能;仅依照环评报告书(表)填报许可证信息,但与实际情况不相符。
	排放情况与实际不符□	排污许可证与现场实际排放方式(如有组织、无组织)、排放口数量、排放去向、大气污染物无组织控制措施等不一致。
	在线监测情况与实际不符□	排污许可证中载明需安装在线并联网,但实际未安装、未联网或未正常运行在线监测设施。
	未按照规定开展自行监测□	未按照排污许可证申请与核发技术规范和排污单位自行监测技术指南要求的内容和频次开展自行监测。
	未落实执行报告制度□	未按照排污许可证规定的频次、时间提交执行报告。
污染源自动监控类	在线监测数据弄虚作假□	存在主观故意,符合监测弄虚作假规定,可移交司法(刑事)立案的。
	在线监测设备不正常运行□	在线监测的采样、分析、工控机、数采仪出现的各类不正常运行问题,导致监测结果失真。颗粒物采样口、过滤器堵塞,无法正常测量;分析仪光路被堵塞,光路明显偏离。通标气测试不符合规范要求,且不足70%的。烟道截面积设置与实际情况不符。采用氧化法脱硝工艺的,在线设施未安装二氧化氮转换器或转化率不符合要求。折算系数设置错误。数据缺失连续24小时以上,且未报告生态环境部门并开展手工监测。水样取样口不正常,采水泵不正常;取样口的水出现稀释、外接管路等无效水样,取样管为明管、堵塞、泄漏,没有固定,采水样后不正常排水;标液无效、浓度不正常。
	未按照要求安装自动监控设施或联网□	未按要求安装或联网的。重点排污单位、许可证重点管理排污单位需安装,具体排放口参照排污许可证或核发技术规范。
	在线设备运行维护不规范□	在线监测运行维护存在的问题,如标气、标液过期,运维、比对不及时等。存在U形管、伴热管温度不足,有水珠。通标气测试不符合规范要求,但达到70%以上的。未安装二氧化氮转换器。未达到等速采样要求。无全流程校准。全流程校准管路未连接,不符合规范要求。站房无抽风排气扇、无温湿度计、无空调等。烟气反吹气接口损坏,不能反吹。未验收。取水池计量泵、蠕动泵、倾向阀运行不正常,发生泄漏;反应试剂无效,流量计安装位置不正确,pH计不能正常测量;数据量程、配套系数存在人为修改。

续表

问题类别	具体问题描述	判定参考
治污设施安装与运行类	超标排污或未执行超低排放标准□	超排放标准、超排污许可证规定的限值。需在线数据、自行监测报告、现场实测,描述须写超标原因、监测方法、排放口、超标因子、超标时间等。呼吸阀、应急阀、无组织逸散等都不算。在线数据超标只算日均值,小时均值超标的不算问题(有地标规定的除外),注意要排除启停炉或氧含量异常的时段。FID、PID、便携式烟气检测仪等检测仪器数据可以作为参考数据,须开展实测,检测结果超标的算问题。
	通过旁路、暗管偷排污染物□	有逃避监管的主观故意,偷排未经处理的废气、废水。须有实际排放的证据(现场查实,或通过中控系统、台账、红外热成像、周边痕迹等,证明确实存在排放)。不包括少量跑冒滴漏,烟道漏气,旁路挡板密闭不严,少量烟气无组织逸散。有旁路管道,但未排放的不算。
	治污设施不正常运行□	存在排污行为,但污染物治理设施不正常运行。包括以下几种情形: 1. 设施未同步开启;2. 重要运行参数存在明显偏差(反应温度、压力、pH值、药剂使用量等),导致运行效果变差;3. 无适当理由跳过部分处理工序等。需要检测、仪表、中控、运行记录等明确证据。启停炉过程脱硝等工艺可依据标准、许可或常规给予一定程度豁免或放宽。不含少量粉尘或 VOCs 无组织排放设施的运行问题。
	治污设施运行不规范□	排污单位治污设施的运行参数(温度、压力、pH值等)不符合相关技术指标要求,但对治污效果影响不大的,基本仍能达标排放;初步判断排污单位可能存在不正常运行嫌疑,但未查实(排污单位无法提供相关证明设施正常运行的材料),未开展监测,尚不能立案查处的。活性炭未及时更换、紫外灯管未及时维护等。
	未按要求采用高效脱硫脱硝等措施□	未按排污许可证、环评、环评批复、排污许可证核发技术规范等文件要求安装高效脱硫脱硝等措施,仅采用落后、淘汰、低效的处理方式。
	未安装治污设施□	排污许可证、环评批复、排污许可证核发技术规范等文件要求的脱硫、脱硝、除尘器、VOCs 等处理设施,实际未安装的。需核实并提供相关政策文件依据。

参考文献

（1）中文参考文献

［1］张曼，屠梅曾.排污权交易制度在中国的应用探析［J］.科学·经济·社会，2002，(4)：45-50.

［2］李挚萍.美国排污许可制度中的公共利益保护机制［J］.法商研究，2004，(4)：135-140.

［3］管瑜珍.美国可交易的排污许可制度——兼论在我国建立该制度面临的几个问题［J］.黑龙江省政法管理干部学院学报，2005，(4)：98-101.

［4］王克稳.论我国环境管制制度的革新［J］.政治与法律，2006，(6)：15-21.

［5］苏丹，王鑫，李志勇，等.中国各省级行政区排污许可证制度现状分析及完善［J］.环境污染与防治，2014，36(7)：84-91＋96.

［6］王金南，吴悦颖，雷宇，等.中国排污许可制度改革框架研究［J］.环境保护，2016，44(Z1)：10-16.

［7］柴西龙，邹世英，李元实，等.环境影响评价与排污许可制度衔接研究［J］.环境影响评价，2016，38(6)：25-27＋35.

［8］孙佑海.如何完善落实排污许可制度？［J］.环境保护，2014，42(14)：17-21.

［9］刘炳江.改革排污许可制度落实企业环保责任［J］.环境保护，2014，42(14)：14-16.

［10］李元实，杜蕴慧，柴西龙，等.污染源全面管理的思考——以促进环境影响评价与排污许可制度衔接为核心［J］.环境保护，2015，43(12)：49-52.

［11］张建宇.美国排污许可制度管理经验——以水污染控制许可证为例［J］.环境影响评价，2016，38(2)：23-26.

［12］邹世英，杜蕴慧，柴西龙，等.排污许可制度改革进展及展望［J］.环境影响评价，2020，42(2)：1-5.

［13］李兴锋.排污许可法律制度重构研究——环境容量资源配置视角［J］.中国地质大学学报(社会科学版)，2016，16(2)：32-40.

［14］ 赵惊涛,张辰.排污许可制度下的企业环境责任[J].吉林大学社会科学学报,2017,57(5):189-198＋208.

［15］ 孙佑海.排污许可制度:立法回顾、问题分析与方案建议[J].环境影响评价,2016,38(2):1-5.

［16］ 韩继勇.关于深化排污许可制度改革的思考和建议[J].环境保护,2018,46(6):50-52.

［17］ 吴满昌,程飞鸿.论环境影响评价与排污许可制度的互动和衔接——从制度逻辑和构造建议的角度[J].北京理工大学学报(社会科学版),2020,22(2):117-124.

［18］ 吴卫星.论我国排污许可的设定:现状、问题与建议[J].环境保护,2016,44(23):26-30.

［19］ 梁忠,汪劲.我国排污许可制度的产生、发展与形成——对制定排污许可管理条例的法律思考[J].环境影响评价,2018,40(1):6-9.

［20］ 李挚萍,陈曦珩.综合排污许可制度运行的体制基础及困境分析[J].政法论丛,2019,(1):104-112.

［21］ 刘磊,韩力强,李继文,等.“十四五”环境影响评价与排污许可改革形势分析和展望[J].环境影响评价,2021,43(1):1-6.

［22］ 李冬,王亚男,时进钢.浅谈我国推行排污许可制度难点及对策[J].中国环境管理,2016,8(5):75-79.

［23］ 陈佳,卢瑛莹,冯晓飞.基于“一证式”排污许可的点源环境管理制度整合研究[J].中国环境管理,2016,8(3):90-94＋100.

［24］ 纪志博,王文杰,刘孝富,等.排污许可证发展趋势及我国排污许可设计思路[J].环境工程技术学报,2016,6(4):323-330.

［25］ 蒋洪强,张静,周佳.关于排污许可制度改革实施的几个关键问题探讨[J].环境保护,2016,44(23):14-16.

［26］ 孙佑海.实现排污许可全覆盖:《控制污染物排放许可制实施方案》的思考[J].环境保护,2016,44(23):9-12.

［27］ 林业星,沙克昌,王静,等.国外排污许可制度实践经验与启示[J].环境影响评价,2020,42(1):14-18.

［28］ 卫小平.环境影响评价、排污许可和环境统计源强核算比较[J].环境影响评价,2019,41(5):51-54.

［29］ 刘春平.排污许可制度下工业企业环境管理的思考[J].环境保护,2019,47(9):47-50.

［30］王斓琪,于鲁冀,王燕鹏,等.基于"一证链式"排污许可内涵的固定污染源环境管理制度初探[J].生态经济,2020,36(12):187-192.

［31］曾维华,邢捷,化国宇等.我国排污许可制度改革问题与建议[J].环境保护,2019,47(22):26-31.

［32］吴凯杰.论环境法典总则的体系功能与规范配置[J].法制与社会发展,2021,27(3):167-188.

［33］王海芹,高世楫.生态环境监测网络建设的总体框架及其取向[J].改革,2017,(5):15-34.

［34］李莉娜,唐桂刚,万婷婷,等.我国企业排污状况自行监测的现状、问题及对策[J].环境工程,2014,32(5):86-89+94.

［35］戴芳,胡娇.论我国环境保护税征管措施的优化[J].税收经济研究,2018,23(4):57-63.

［36］吴季友,陈传忠,蒋睿晓,等.我国生态环境监测网络建设成效与展望[J].中国环境监测,2021,37(2):1-7.

［37］王军霞,刘通浩,张守斌,等.排污单位自行监测监督检查技术研究[J].中国环境监测,2019,35(2):23-28.

［38］王社坤,汪劲.企业自行监测义务的法律逻辑与制度保障[J].环境保护,2013,41(17):19-22.

［39］于华江,储志蕊.重点监控企业自行监测及信息公开制度的完善[J].经济与管理研究,2014,(4):113-118.

［40］孙佑海.实现排污许可全覆盖:《控制污染物排放许可制实施方案》的思考[J].环境保护,2016,44(23):9-12.

［41］曾维华,邢捷,化国宇,等.我国排污许可制度改革问题与建议[J].环境保护,2019,47(22):26-31.

［42］卫小平.环境影响评价、排污许可和环境统计源强核算比较[J].环境影响评价,2019,41(5):51-54.

［43］刘春平.排污许可制度下工业企业环境管理的思考[J].环境保护,2019,47(9):47-50.

［44］林业星,沙克昌,王静,等.国外排污许可制度实践经验与启示[J].环境影响评价,2020,42(1):14-18.

［45］王斓琪,于鲁冀,王燕鹏,等.基于"一证链式"排污许可内涵的固定污染源环境管理制度初探[J].生态经济,2020,36(12):187-192.

［46］吴凯杰.论环境法典总则的体系功能与规范配置[J].法制与社会发展,

2021,27(3):167-188.

[47] 吴季友,陈传忠,蒋睿晓,等.我国生态环境监测网络建设成效与展望[J].
中国环境监测,2021,37(2):1-7.

(2) 英文参考文献

[1] HUNG M F, SHAW D. A trading-ratio system for trading water pollution discharge permits[J]. Journal of Environmental Economics and Management, 2005, 49(1):83-102.

[2] NIKSOKHAN M H, KERACHIAN R, AMIN P. A stochastic conflict resolution model for trading pollutant discharge permits in river systems [J]. Environmental Monitoring and Assessment, 2009, 154:219-232.

[3] PRABODANIE R A R, RAFFENSPERGER J F, MILKE M W. A pollution offset system for trading non-point source water pollution permits[J]. Environmental and Resource Economics, 2010, 45:499-515.

[4] SOLTANI M, KERACHIAN R. Developing a methodology for real-time trading of water withdrawal and waste load discharge permits in rivers [J]. Journal of Environmental Management, 2018, 212:311-322.

[5] KEISER D A, SHAPIRO J S. Consequences of the clean water act and the demand for water quality[J]. The Quarterly Journal of Economics, 2019, 134(1):349-396.

(3) 参考网站链接

[1] 中华人民共和国生态环境部:https://www.mee.gov.cn/

[2] 北京市生态环境局:https://sthjj.beijing.gov.cn/

[3] 上海市生态环境局:https://sthj.sh.gov.cn/

[4] 浙江省生态环境厅:http://sthjt.zj.gov.cn/

[5] 海南省生态环境厅:https://hnsthb.hainan.gov.cn/

[6] 山东省生态环境厅:http://sthj.shandong.gov.cn/

[7] 陕西省生态环境厅:https://sthjt.shaanxi.gov.cn/

[8] 吉林省生态环境厅:https://sthjt.jl.gov.cn/

[9] 广西壮族自治区生态环境厅:http://sthjt.gxzf.gov.cn/

[10] 内蒙古自治区生态环境厅:https://sthjt.nmg.gov.cn/

［11］山西省生态环境厅：https：//sthjt. shanxi. gov. cn/

［12］四川省生态环境厅：https：//sthjt. sc. gov. cn/

［13］福建省生态环境厅：https：//sthjt. fujian. gov. cn/

［14］安徽省生态环境厅：https：//sthjt. ah. gov. cn/

［15］江西省生态环境厅：http：//sthjt. jiangxi. gov. cn/

［16］河北省生态环境厅：https：//hbepb. hebei. gov. cn/

［17］广东省生态环境厅：https：//gdee. gd. gov. cn/

［18］湖北省生态环境厅：http：//sthjt. hubei. gov. cn/

［19］河南省生态环境厅：https：//sthjt. henan. gov. cn/

［20］江苏省生态环境厅：https：//sthjt. jiangsu. gov. cn/

［21］甘肃省生态环境厅：https：//sthj. gansu. gov. cn/

［22］云南省生态环境厅：https：//sthjt. yn. gov. cn/

［23］重庆市生态环境局：https：//sthjj. cq. gov. cn/

［24］湖南省生态环境厅：http：//sthjt. hunan. gov. cn/

［25］贵州省生态环境厅：https：//sthj. guizhou. gov. cn/

［27］辽宁省生态环境厅：https：//sthj. ln. gov. cn/

［28］黑龙江省生态环境厅：https：//sthj. hlj. gov. cn/

［29］天津市生态环境局：https：//sthj. tj. gov. cn/